U0107093

今天也要开心啊

如何在不确定中停止不安和焦虑

[日] 铃木裕介 著

上官倚竹 译

すずき　ゆうすけ

北京联合出版公司
Beijing United Publiishing Co.,Ltd.

图书在版编目（ＣＩＰ）数据

今天也要开心啊：如何在不确定中停止不安和焦虑 /
（日）铃木裕介著；上官倚竹译. --北京：北京联合出
版公司，2023.6
ISBN 978-7-5596-6836-3

Ⅰ.①今… Ⅱ.①铃… ②上… Ⅲ.①情绪－自我控
制－通俗读物 Ⅳ.①B842.6-49

中国国家版本馆CIP数据核字(2023)第060289号

北京市版权局著作权合同登记 图字：01-2023-0676

MENTAL QUEST
Copyright © 2020 by Yusuke SUZUKI
Interior illustrations by kubocchibocchi
All rights reserved.
First published in Japan in 2020 by Daiwashuppan, Inc. Japan.
Simplified Chinese translation rights arranged with PHP Institute, Inc.
through Japan Creative Agency Inc.

今天也要开心啊：如何在不确定中停止不安和焦虑

作 者：〔日〕铃木裕介
译 者：上官倚竹
出 品 人：赵红仕
责任编辑：孙志文
封面设计：吴黛君

北京联合出版公司出版
（北京市西城区德外大街83号楼9层 100088）
北京新华先锋出版科技有限公司发行
大厂回族自治县德诚印务有限公司印刷 新华书店经销
字数109千字 620毫米×889毫米 1/16 12印张
2023年6月第1版 2023年6月第1次印刷
ISBN 978-7-5596-6836-3
定价：59.00元

前　言

人生就像RPG（角色扮演）游戏

"人生困难模式"这种说法，不知你是否听说过？这个词来源于游戏用语，意为很难如愿以偿地过自己想要的人生。大部分游戏都有简单模式、普通模式和困难模式，而在困难模式下，要么有更强的敌人，要么有更多的限制，反正就是难度飙升。通常，选择困难模式的玩家都是为了寻求极致体验的游戏老手，不过，人生的困难模式与游戏里的不太一样，因为游戏有主动选择的权利，而人生没有。每个人的出身以及境遇都是自己无法选择的，在人生之路上，你可能会碰到各种意料之外的困难。当你被扔进这个无法设定难度，又没法和谁讲道理的"游戏"中，你就已经处在"人生困难模式"了。

最近，又有一个和"人生困难模式"类似的说法十分流行，

1

即"活着好难"。比如，你是否每天都有如下感受呢？

- 深谙察言观色之道，无法坦诚地表达自己的见解。

- 拼命地回应父母或上级对自己的期许，渐渐地不知道自己真正想要的是什么，仿佛自己是为别人而活。

- 明明人际关系都处得不错，也没有经济负担，却还是觉得很空虚，找不到活着的意义。

- 自我厌恶，不期待未来，觉得人生黯淡无光。

"人生困难模式"正是指人们在这样的旋涡中挣扎的状态。在诊所里，我接触到了非常多这样的人。我倾听他们的苦楚，在帮助他们的过程中，我意识到一件事情，那就是，那些觉得自己过得很辛苦的人，大多会对某样东西特别痴迷，比如动漫、游戏、电影、小说、偶像、COSPLAY（角色扮演）、耽美、戏剧、同人（二次创作）等，这些东西已然成为他们心中的一片净土、一个避难所。换言之，这些东西治愈了他们。

当受到打击与伤害时，那些游戏角色或动漫人物是否曾带给你力量？抑或，你是否曾感到某句歌词唱到了你的心坎里？我相信很多时刻、很多人都会有这样的感慨——"这说的不正是我吗？""真的是感同身受啊！"那些感觉世事艰难的人们从自己喜欢的作品中找到了生活的盼头，有了活下去的动力。这份喜欢就像一条无形的线，把当事人与这个世界连接起来。我有很多来访者都曾对我倾诉——"还好，这个世界还有我喜欢的东西，明天还是值得期待的。""勉强还能撑下去。"这还说明了一个问题，即这些人之所以很容易陷进去，是因为在现实生活中，他们很难找到类似的、能让自己放下所有戒备的心灵避风港。既然在现实里没有，他们就只能从虚拟世界中寻求慰藉。

有人觉得家、公司、教室等地方容不下自己，只有待在阅览室里打发时间才能感到放松；有人则是谁都不理，谁都不见，一头扎进游戏里才能感到安全。对他们而言，比起活生生的人，虚拟世界里的角色更值得信赖。我自己也曾在最难熬的时刻，被《勇者斗恶龙》这款游戏的角色及台词所治愈。

我玩《喷射战士 2》这款游戏已经超过 2000 个小时了，到现在还没玩腻。我尤其热衷于与这游戏相关的"甲子园大赛"。我每天都能从这种电子竞技类游戏的世界观中获得大量的治愈之力。

日本秋叶原是世界上最大的 ACGN[1] 文化聚集地，我之所以把

---

[1] 为英文 Animation（动画）、Comic（漫画）、Game（游戏）、Novel（小说）的缩写。

自己的店址选在这里，也是为了能够离我的同好更近一点儿。我希望这本书能够被喜欢动漫、游戏，但看到一堆复杂的术语就产生抵触心理的人捧起来读一读。也因此，我模仿自己最喜欢的游戏名，给本书取了名字。[1]

不好意思，忘记自报家门了。在下铃木裕介，一名心理咨询师，以提供心理健康咨询为自己的毕生事业。现今，我在秋叶原经营着一家小小的心理诊所。

我本身并非精神科医生，为何会把心理健康咨询作为毕生事业呢？有偶然的因素。我很多重要的朋友都出现过心理健康问题。"不想活了""好想消失啊"……我接收到了他们的求救信号，所以在力所能及的范围内向他们提供帮助。与其说我是一名医者，不如说我就是一个一心想要帮助挚友或至亲重获健康的心理状态的普通人。于我而言，这有点儿像感应上天的召唤。倒不是说我抱有什么使命感，只是看到别人有难处，我能帮则帮，然后慢慢地，人生之门竟朝着一个意料之外的方向打开了。

我想，如果得知亲友有轻生的念头，大多数人都会感到不知所措吧。我这个学医的也不例外。为了通过国家医师考试而学的

---

[1] 本书原书名为 *Mental Quest*，《勇者斗恶龙》的原名为 *Dragon Quest*。

那些知识点根本派不上用场。因此，起初遇到这种情况，我也无从下手，但总不能让亲朋好友真的离开这个世界吧，于是在手忙脚乱地不断试错中，一干就是十多年。

　　长期致力于一件事会让人感到疲惫，但我有一个坚持下来的理由，那就是，我希望每一个经历过至亲好友亡故的人，都可以赋予当时那段痛苦经历以自己的意义。我亲历过失去至亲时的那种无能为力。而现在，我通过与那些在痛苦中挣扎的来访者接触，渐渐觉得正是因为那段痛苦的经历，才有了现在的我。这样想着，我释然了不少。

　　另一个使我坚持到现在的理由，是我喜欢观察人们的变化。

　　在很多有心理问题的来访者眼中，生活是沉重而又绝望的，但当我第一次亲眼看到来访者重拾对生活的希望时的表情变化，我感到格外振奋。这种改变极具戏剧性和浪漫色彩，我渴望见证每一个来访者的改变。

　　我在后记中还坦诚地阐述了一些其他理由，各位若能读到最后，那真是我莫大的荣幸。

　　在与来访者接触的过程中，我不断思忖、总结，并在本书中总结了摆脱"人生困难模式"的关键要素。本书通过模拟游戏里的冒险闯关模式，来讲解心理健康问题。那么为何是冒险闯关游戏呢？我认为在"人生困难模式"下"回血"，就像在 RPG[1] 游戏里闯关。

要想在 RPG 游戏中获胜，首先得了解角色的属性、技能、特性。其次，得知道所选角色的弱点，容易打不过什么样的敌人、容易落入什么样的陷阱，这样才能更有针对性地磨炼对应的进攻与防守技能，一点儿一点儿地提升等级。而这就是 RPG 游戏的基本操作流程。"人生困难模式"的攻略和 RPG 游戏的攻略本质上是一样的。首先，你要了解自己的个性、能力和特点。其次，你要知道自己的行为模式以及思维惯性（或者说癖好），意识到自己容易陷入什么样的困境，然后才能一步一个脚印地积累实战经验，慢慢掌握摆脱"人生困难模式"的方法。

接下来，我就按顺序介绍一下如何在现实世界中攻克"人生困难模式"。

第一章，我将会对如下两点进行说明："人生困难模式"的形成机制以及从中逃脱的关键词——信任。

第二章，我将介绍三种类型的人，以供那些觉得活着不开心的人参考，更好地了解"自己"这个角色的性格、能力以及特点。

---

[1] Role-playing game 的缩写，即角色扮演游戏。

　　第三章，我将延续第二章的内容，介绍每一种类型的人容易采取哪种行为以及他们的思维惯性（癖好），而这种习惯会让他们陷入某种"不幸的怪圈"。当然，我也会讲解不落入"怪圈"的方法。

　　第四章是实践内容，也是本攻略中最关键的一项，将对寻求突破的来访者有所帮助。我也会在书中罗列出可以深入研读的参考资料，供大家参考。

　　希望本书能够成为各位心灵成长道路上的指示灯，为你的人生之旅提供一点儿积极的暗示。愿大家都能从幽暗危险的心灵世界中挣脱出来，摆脱焦虑、不安，恢复平静，为自己创造一个平和安定的内心世界。

　　本书特地选用了"攻略"这个词，但这绝不意味着我可以给大家一个轻松跨越人生困境的方法，或告诉大家什么捷径。恢复心理健康是一个循序渐进的过程，必须脚踏实地。就像在游戏中，角色会负伤，玩家需要勤勤恳恳地打怪练级。本书不是药到病除的灵丹，不可能看完就"痊愈"。不过，在尝试的过程中，我们可以通过一些技巧避免在同一个地方跌倒，从而让过程稍微轻松一点儿。在问诊过程中，有不少来访者曾表示："要是能早点儿知道这些技巧就好了。"也有来访者反映："多亏了这些技巧，我觉得开心多了。"我整理了一些最受认可的技巧和知识，并用简洁易懂的话语呈现在书中。

我力求做到知无不言，言无不尽。我抱着做一本"使人开心起来的心理指南"的信念下笔，若是各位的人生能够因此有所转机，那我将由衷地为你们感到高兴。

黑暗中的冒险家们，希望有光能照亮你们前行的路！

目录

第1章

三个"信任"——摆脱人生困难模式的关键

第2章

你是什么角色类型

第3章

驱赶"看不见的敌人"

第4章

今天也要开心之秘诀篇

结　语

愤怒中的我选择以一种轻松的方式"复仇"

第 1 章

三个"信任"——摆脱人生困难模式的关键

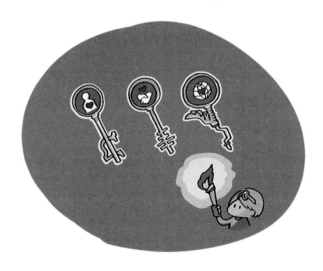

当我们感觉"撑不下去"

本书将按以下顺序介绍攻克"不开心的人生"的方法：

充分了解自己这个"角色"的性格、能力、特点

了解自己的行为模式以及思维惯性（癖好），在此基础上理解自己为何会陷入困境，并尝试构建思维导图

教你一些在现实生活中用得上的知识和技巧，帮助你建立良好的人际关系以及处理压力

在第一章，我会详细讲解"人生困难模式"的形成机制以及从中逃脱的关键词——"信任"。就像"集齐三种神器即可通关""集齐七颗龙珠就能召唤神龙"的游戏设定一样，当你陷入"人生困难模式"时，集齐"三个信任"，就能突破桎梏，获得新生。

　　　　　　　　　　⌣

当现实与预期背道而驰

　　精神科医师水岛广子曾提出，若想建立"船到桥头自然直"
的思维方式，必须要有三个基本的信任做支撑：

- 我可以（对自己的信任）。

- 我信赖他 / 她（对他人的信任）。

- 世界很安全，一点儿都不可怕（对世界的信任）。

　　第一、第二个信任很好理解，对于第三个信任，或许有人摸
不着头脑。当你无法预测事情的走向，无法掌控事态的变化，对
世界就会产生不信任感，从而时刻处于戒备状态。这就像玩恐怖
冒险类游戏《生化危机》一样，玩家需要从遍布僵尸的迷宫般的

别墅里逃脱，因为不知道僵尸会从什么地方突袭过来，所以打开每一扇门都十分谨慎，玩家无时无刻不处于紧张的状态中。

再举一个例子：

> ❓ 在东京迷路和在巴西的热带雨林中迷路，哪个更让你感到恐慌？

> ❓ 患上普通的流行性感冒和感染未知的病毒，哪个压力更大？

很显然，对于上述两个问题，绝大部分人都会选择后一种情况。因为遇到前一种情况，我们可以预判结果，就算很严重，也总有对应的方式。而在后一种情况下，我们会感到无力。安心生活的基石之一，正是人们可以在某种程度上预测事物的变化发展。不过有句话说：人生不如意之事十之八九。现实和预期背道而驰的情况随处可见。

"预测"和"期待"拼在一起就是"预期"。关于"预期"一词，儿科医生熊谷晋一郎先生是这样解释的：

你预测可以和一个人长久地在一起，你也满心期待能够走到最后，但是现实并非尽如人意，这种事与愿违的状况，就被称作"预测误差"。人生就是不断经历预测误差的过程，有时预测误差会给我们带来好的结果（这感觉就如同坐云霄飞车般令人兴奋不已），有时则不然。所以这种起伏还是不要太大比较好，以免我们难以承受。因为预测误差，我们会遭受打击，感到悲伤、气馁，以及震惊。经历了太多次预测误差后，人们会对自己的预期本身抱有一种不信任感。

在这种无法相信自己的预期的状态下，人很难感到快乐，进而产生"活着太难了"的心理。一个人如果经受了太多没由来的挫折或打击，就会觉得自己遭到了世界的背叛，从而变得不再信任这个世界，不再抱有希望，最终失去活下去的信心。

来自原生家庭的安全感

当我们开始与他人接触，世界观就开始形成了。在这个过程中，身边的人，尤其是父母，对我们影响重大。命运的安排就像扭蛋（抽签）一样具有随机性，出生在什么样的家庭，是我们无法选择的。父母站在孩子的人生起点上，如果父母情绪不稳、阴晴不定，或者有暴力倾向，那么孩子就无法获得安全感。对这些孩子而言，家庭就像《生化危机》那样充满了不可预测性。

想象一下，你自幼就谨小慎微、战战兢兢，生怕一不留神就遇到面目可怖的"僵尸"。长久处于这种压抑的环境中，任谁都会感到筋疲力尽。长大后对他人产生抗拒与恐惧，并非不能理解。因为恐惧他人，你选择尽可能地避免与外界接触，减少了必要的交流，也失去了试错的机会。你无法磨炼人际交往的必备技能，也不知道怎样建立或调整自己的社交关系，一路走来经历了无数次自我否定——"无论到哪里都融不进去，太难了""看来真的没救了"。于是你更加害怕和人相处，由此陷入恶性循环。这就是在成长初期未能建立起对世界的信任导致的。你为了在这个危机四伏、变幻莫测的世界活下去，学会了察言观色，做事瞻前顾后，常常为了满足他人的需求而忽视自己的需求。久而久之，你觉得自己是在为别人而活，越来越感受不到活着的意义。陷入这样的人生境地，无论如何都开心不起来。

这就是初始设定导致的"人生困难模式"。但这不是你的错，只是初始设定中的 BUG 而已，是系统故障。

如何找回缺失已久的信任感

要想重拾对世界的信任，你必须"修正"自己的预期。由于初始设定的生存模式难度太高，你为了生存，只能努力讨别人的欢心，把不开心留给自己；为了不成为众矢之的，你活在他人的需求之下。有时你会想，自己已经不是人生的主宰了，干脆躺平吧！但你还是坚持到了现在。因此，事实上，你比自己想象的更坚强。你是否想过，羽翼未丰时所构建的对于世界的预期，由于时过境迁，已有了翻天覆地的变化。就像天气或股市，你对它们的预期是随着实际情况的变化而变化的。

人们通过他人对自己的言行的反应，来判断什么事该做、什么事不该做。通过不断试探，你会对自己的言行所导致的结果有一个心理预估，当这种预估比较准确且稳定时，大脑就会做出判断——"这里是安全的"，由此你获得了安全感。

你是否有过这样的经历——

起初你并不看好某件事，但周围人给你的反馈比你预期中的要好。渐渐地，你意识到事情并没有那么糟，可能正在朝着积极的方向发展。此时，你原有的心理预期就会被"更新"。

对于这个世界，我的建议是——**不要过于悲观，也不要盲目乐观，根据现实情况对心理预期做出调整，通过提高准确度，减少预测误差。**

在日常生活中，尝试记录一些美好的小事，记录令自己开心的瞬间。"那个人真热情，主动找我说话""丢失的钱包找回来了""努力有了回报"……通过积累诸如此类的积极经历，你会发现世界比你想象的要安全，从而重拾对世界的信任。

"信任"和"放心"的区别

再深入探讨一下"信任"这个词。

社会心理学家山岸俊男先生在其著作《从放心的社会到信任的社会》中提到了"信任"和"放心"的不同之处。山岸先生认为,"信任"指的是,知道对方是好人,对自己抱有善意,因而期望对方不会背叛自己。也就是说,信得过对方的人品,相信自己和对方的关系是积极正面的。这就是基于"信任"建立起的人际关系。与之相对的是基于"放心"建立起的人际关系——相信对方知道背叛必将弊大于利,因而判定对方不会做傻事。在本书中,我所说的"放心"指的是一种安心的状态。为了方便区分,我会把山岸先生所指的"放心"加上下划线。

例如,"脱离组织的人会被暗杀",有了这条规定,应该不会有人敢背叛组织吧？这种思维模式下的人际关系就不是基于信任，而是基于<u>放心</u>。在极权主义社会，为了消除人际关系中的不确定因素，人们通过互相监督、制裁或排除异端分子的方式，来确保人与人之间的安全感。但是，与人交往本就伴随着各种不确定性，我们不是要消除这种不确定性，而是在接纳不确定性的基础上友好相处。这就是山岸先生所说的"信任"。所以很显然，相较于<u>放心</u>，信任一个人所承担的背叛风险更高。

诚如前文所说，如果一个人年幼时，身边的成年人情绪不稳定，翻脸比翻书还快，那么这个人就会变得很难信任他人。他们成年后往往会选择基于<u>放心</u>的人际关系，通过为对方付出点儿什么，以换取自己想要的东西。这样的相处模式就像是在做交易，背后的潜台词是——"你看，我对你有用，你不要离开我。"这种"放心型"思维模式的逻辑是：因为我有价值，对方才会和我在一起；一旦我没有价值了，对方就会弃我如敝屣。处于"放心型"关系中的人常常伴随着这样的担忧，内心始终处在一种不安的状态下，很难获得自我满足感。

据说日本人都属于很难对他人产生信任的人，日本社会的构建更偏向于"放心型"，因为"信任型"相处模式的背叛成本要高于"放心型"，与其承担高额风险，不如互相监视，让背叛者自己承担损失。

　　害怕被背叛、害怕被伤害的人，很难信任别人。而没有信任关系，将无法收获当自己的信任被回应时的满足感。要想从"人生困难模式"中走出来，特别重要的一点就是要理解"信任型"和"放心型"这两种相处模式的区别。支配或交易关系并不能长久，也不要总纠结自己能不能为人所用。你要相信，**人与人之间的信任是真实存在的。**

自我肯定犹如救生圈

如果在建立人际关系时，总是从"我能不能为对方所用"这个视角出发，那么慢慢地，你对自己的评价标准也会变得片面化。当你感觉自己还有用武之地时，你会在与他人的相处中获得自信；而一旦你觉得自己没有价值，这份自信也会随之崩塌。同样的，当你在工作中做出成绩，或者不负周围人的期待时，你会感到很安全，这种安全感被称为"自我效能感"。这是基于放心所获得的自信。与之相对的是"自我肯定感"，即一个人就算没有什么可以回馈他人的，拿不出什么成果，也不会丧失自信。自我肯定感是稳定的，不容易被动摇的；而自我效能感则会根据对方及自己的实际情况被轻易改变。

努力交出一张优异的成绩单，并因此觉得为大家做出了贡献，这只强化了自我效能感，而不是自我肯定感。学会自我肯定至关重要。由于工作难度增加而拿不出成果、因年纪渐长而体力不如往昔、患病……这些因素会导致个人能力忽上忽下，遇到这些情况时，你要给自己心理暗示：没关系，我很好。

临床心理学家高垣忠一郎先生曾说过："学会自我肯定就像拥有了一个救生圈。"在人生的汪洋中，即使负面情绪像恶浪一样向你袭来，有了"救生圈"，你也不至于被淹没。不管处于多么绝望的境地，只要你相信自己能挺住，就一定不会被打倒。这种自我肯定与多变的评价或你所取得的成就无关，而是一种扎根于内心深处的存在。如果没有"救生圈"，为了不沉下去，你就得拼尽全力游泳。即便如此，你也仍有极大的可能被负面情绪裹挟，在某个瞬间沉入海底。

每个人都在自己的人生赛场上艰苦卓绝地战斗着。你有没有"救生圈"，别人看不到。若你沉入海底，人生便进入了"超级困难模式"。

如何在内心建造"安全基地"

从自我效能感到自我肯定感，中间隔着很长一段路，若是单枪匹马，短时间内很难脱胎换骨。**你需要一个不会轻易否定你的人。**你可以从身边找找合适的人选，试着倾诉自己的想法。一个人是否合适，关键是看他心智是否成熟、是否愿意给予他人肯定，与他的性格、收入无关。你可以通过下面这些话来排雷，如果那个人每次都只能用这些话来回应你的倾诉，说明他不是你要找的人。

- 干吗这么看不开？

- 哭有什么用！

- 有什么大不了的？这种事谁没经历过？

- 慢慢就好了。

- 找个目标拼命往前冲啊！

- 这算什么，我比你惨多了。

- 找个替代品不就好了？

- 干吗老是回头看？向前走吧。

生活经验告诉我们，这样说的人其实比比皆是。他们并非有意，却往往会在我们的伤口上再次撒盐。很少有人能感同身受。相较而言，经历过伤痛却能从容面对生活的人，以及受过专业训练的心理学工作者，是更合适的人选。能遇到值得信任的人，对每个人来说都意义非凡。

在建立稳定的自我认同感的过程中，益友的存在意义非凡。当你开始自我怀疑、自信随时会崩塌时，若身边有人能给予你安全感，肯定你的价值，他将成为你的救命绳索，使你避免跌入深渊。即使你已身处绝境，但若能遇上这样一个人，建立起安全稳固的关系，也能获得力量，慢慢恢复，化险为夷。我把这种给人安全感的、深厚稳定的信赖关系称为"安全基地"。一个人拥有了"安全基地"，就像拥有了立足之地，可以安心地开展人生冒险之旅。

怎样才能交到益友呢？社会心理学中有一个概念——自我暴露

(self-disclosure)，意思是自发地、坦率地、有意识地表达自我，向他人暴露自己真实且重要的信息，与他人共享自己的感受和信念。这样做是有风险的，却是建立"安全基地"必须经历的。因此，在寻找益友的过程中，**要有勇气承担对人敞开心扉所带来的风险**。你可以尝试告诉对方令你焦头烂额的事、不想对人言说的烦恼或弱点。面对一个人毫无保留的倾诉时，成熟的人往往会心有所动，因为你的信任，你的真诚。为了不辜负你，他也愿意以同样的诚意回应你。这就是自我暴露的回报。人际关系总体上是存在"互惠性"的，当双方都以诚相待时，距离你建立起自己的"安全基地"也就不远了。

自我暴露是一个循序渐进的过程。很少有人能做到一下子把自己完全交付出去。你可以慢慢来，一点儿一点儿地展示自己，直到把自己最脆弱的地方亮给对方看。在这个过程中，你们之间的距离被逐渐拉近。

但是，我们需要警惕"商业性自我暴露"。有一类人善于伪装，会有意识地让你觉得自己是唯一知道他们秘密的人；有些事他们明明很擅长，但当你求助时，他们却假装不会。一段真挚的友谊，基石是真诚。我们要学会分辨，保护自己，不被假象蒙蔽。

害怕展示真实的自己？

我的好友太田尚树经常说："人生而不同，各有各的怪癖。"他是独创性 LGBT[1] 启蒙团体 YARUKIARIMI 的主编。"每个人都有怪诞的一面，人们只有在相互认可的基础上，才能建立起信赖关系。"我想把他的话送给害怕展示真实自我的你。

很多人都不喜欢麻烦别人，习惯当倾听者、老好人，从不或者很少在别人面前说自己的事情。他们或许是担心自己会把气氛搞僵，或许是因为生性内向。不想给他人增加心理负担，为他人着想，这份心当然是好的，但在构筑信赖关系这件事上，这样做对对方而言，反而是不公平的。不能别人把什么事都告诉你，你

---

[1] 指性少数群体。

却总是藏着掖着，对吧？因此，信赖关系的关键是敞开心扉。不过敞开心扉伴随着风险，所以不能强求。你要允许自己试错，当遇到你觉得值得信赖的人后，试着表达自己的想法、打磨自己的沟通技巧，慢慢地掌握"敞开心扉"这项技能。当你与"活着太难了"的人生对峙时，敞开心扉可以说是一项不可或缺的超强生存技能。

　　文章到此，"三个信任"已经讲完了。接下来的章节中，我们会进入实操阶段。第一步就是了解自己。

:)

心理小专栏

忘记那些所谓的"应该"

　　来访者：都怪同事不好好工作，不是和周围人聊天，就是去买东西，做了一堆杂七杂八的事情，本来一小时能做好的事，却要花双倍的时间，害得我工作做不完，烦死了！

　　这是我的一段临床问诊经历。

　　在合作型工作中，倘若合作者不能专注于工作，确实会使其他人压力倍增。但是焦躁、抓狂并不能让事情更好地完成。每个人都有自己的工作习惯和方式，不能强求统一标准。这就像在游戏中，既有纯物理输出职业，也有魔法系职业一样，各有各的作战技巧。这里就涉及一个概念——"应该"思维。我们会发现，那些认真且专注于工作的人，思维方式中普遍存在"应该"这个词。

- 上班不应该闲聊。
- 工作时应该心无旁骛。

"应该"思维背后的逻辑，是忽视真实且多样的世界，期待世界来符合自己脑海中的、个人化的规则；当现实与自己的期待背离时，会陷入不安、烦躁、郁闷。

想要获得平静的人生，必须尝试停止"应该"思维。怎么做呢？第一步是意识到"应该"思维的存在，当"应该"思维出现时，及时按下暂停键。第二步是调整对他人的期待，允许多样化存在，允许他人与自己不一样。

尝试记录小确幸

在结束一天的工作后，想想今天遇到的小确幸，并尝试着写下来。即使只用一两句话简单地记录，也会有好的效果。

- 开完会后，他主动擦了白板。

- 早上碰到时，他总会主动和我打招呼。

着眼于这些看似不起眼的小小的闪光点，能让你更全面地了解一个人，并尝试接受更多元化的人，从而变得更客观、理解和包容。对他人期望值过高的人，往往不会轻易表达自己的感触。每个人都有自己的价值排序，放下"应该"思维，尊重和理解每个人的不同，你会活得轻松些。

如何正确处理负面情绪

　　来访者：公司有位前辈说话不太好听，我虽然觉得难受，但是想到自己或许也有做得不到位的地方，就没有还嘴。不知道怎么和这位前辈相处。

　　具有较强的"自责思维"的人，内心往往都很善良，当心生厌恶、愤怒、憎恨等负面情绪时，常常会检讨自己，并告诉自己要忍耐。很多人在被激怒时，会想是不是自己心胸太过狭隘了，转而把负面情绪强硬地压制住。

　　每个人都会有负面情绪。趋利避害是人类的自我保护机制。

当受到伤害时，人会本能地想要远离伤害。而负面情绪正是当你感觉到危险时身体发出的报警信号。

要正确处理负面情绪，可以按照以下步骤。

第一步：承认并接受负面情绪的存在

负面情绪作为一种报警信号，若你强行遏制，则意味着把伤害自己的敌人请进了己方阵营。当你感觉到情绪不好时，不要急于否定，而是试着觉察自己的真实感受，诚实地审视那些让自己不痛快的感觉。"每次和他一起玩，回家后都会觉得特别累。""和这个人在一起，总觉得很紧张。"当你开始留意某些令你不愉快的细微情绪，你就能更敏锐地觉察到人际关系中的潜在伤害。

第二步：及时释放坏情绪

释放情绪并不等同于大肆宣泄，而是用语言将这种不可名状的情绪抒发出来，或者找可以信赖的朋友倾诉。如果用语言表达对你而言有困难，那么可以先尝试把郁结在心中的想法用文字记录下来。另外，把不快的情绪讲给自己听，对自己倾诉，也是一种有效的释放。

通过及时、合理的释放，那些朦胧的、难以捉摸的负面情绪会渐渐清晰起来，从而变得更容易处理。当面对不清晰、不明了的事物时，大脑会感到无从下手，从而产生更多的不安、焦虑，或者其他负面情绪。所以，我们要把负面情绪变成可听、可视的东西，并为其制定相应的"释放用语"。例如，你走路时被撞了一下，很不爽，此时你的情绪可以用"嗯？""怎么回事？""小心点儿啊！"等语言来释放，若是用"去死吧！""眼瞎啊！"这些过激的语言，不但不能疏解情绪，反而会强化不愉快的感觉。

为情绪贴上恰当的标签是处理情绪的重要技能。以下是我为自己制定的"愤怒等级"，仅供参考。

一级　还行吧

二级　有点儿不爽

三级　有点儿烦

四级　焦躁

五级　有点儿生气

六级　生气

七级　超级生气

八级　忍无可忍

九级　大发雷霆

十级　诅咒祖宗十八代

第三步：将情绪和行动分离

当负面情绪上涌时，我们容易感情用事。例如，因为对上司的发言感到不满，你啧了一下舌；或是怒气冲冲地诘问对方："你说要怎么办？"这既不利于信赖关系的建立，也不利于实际工作的推进，甚至可能引发更严重的后果。因此我建议，当明确地觉察到负面情绪翻涌时，立刻在内心给自己一点儿暗示制止冲动；或者深呼吸，给自己一个冷静期，哪怕只是十秒钟。之后再决定说什么样的话、采取什么样的行动。

第 2 章

你是什么角色类型

对自己的认知

在序言中，我就如何摆脱"人生困难模式"给出过四个步骤，或者说建议。我们按顺序依次进行到第四章时，你的元认知将得到大幅提高。

"元认知"是美国心理学家 J.H. 弗拉维尔提出的一个概念，就是对认知的认知，即以一种稍微抽离的视角，对自己的感觉、思考、行为进行认知，并客观准确地进行判断、调控、评价。这就像在现实中的你看着游戏中的你，根据需要做出判断，并操控角色采取合适的行动。在与"活着太难了"的对抗中，元认知是最具成效的技能之一。只有对自己有了更深入、更清晰的认识，才能有意识地避开会让自己感到痛苦的处境。

在 RPG 游戏中，有"战士""魔法师"之类的角色。不同类型的角色有不同的能力、优缺点以及擅长的领域。战士类角色力量值大、生命值高（HP 血量），但灵敏度低，擅长近身打斗；魔法师类角色可使用魔法，但生命值和防御值都不高，擅长远程攻击，或辅助队友。

在团队战斗中，各个角色需要相互配合、发挥各自的优势与作用，才能提高获胜的概率。例如，医师职业就要尽量保全队友的生命值，辅助队友解除各种不良效果，而不是去和敌人近身搏斗。

现实生活也是如此。有很多人都在从事自己不擅长的工作，因此苦不堪言。有的人生性敏感，却从事着客服工作，每天要处理各种粗暴无理的投诉意见；有的人内向安静，不喜欢人前发言，却不得不参加各类商业会议、做演讲。当然，性格与专业、职业并无绝对关联。如果你拥有专业技能和相关经验，即便自己做的事看起来与自己的性格不十分符合，也照样可以处理好大部分工作。但这就像一个习惯用右手的人，非要用左手拿筷子吃饭一样，效率会降低，即获得同样程度的成就，需要花更多的时间和精力。而且，做不擅长的事时，更容易感觉到压力，长此以往，身心更容易疲惫。

因此，有意识地审视自己，提高元认知能力，对我们攻克"人生困难模式"大有裨益。

90% 的人都看不清自己？

很多有了一定人生经验的人会觉得自己很了解自己，不好意思，我可能要泼冷水了。绝大部分人对自己的认知都有偏差。心理学上有一个概念——邓宁 - 克鲁格效应（Dunning-Kruger effect），简称达克效应（D-K effect）。这是 20 世纪 90 年代由邓宁和克鲁格开展研究的心理学效应名称，简单地说，**即个体对自己的能力做出不准确的评价的现象**——能力低者会高估自己的能力，甚至显著超过平均水平，且无法客观评价他人的能力；高能力者则会低估自己的能力。

组织心理学家塔莎·欧里希的研究显示，95% 的人声称他们了解自己，但事实上，只有 10%~15% 的人，对自己有着正确的自我认知。也就是说，约九成的人的自我认知都没有"射中靶心"。

真相或许让人难以接受，但事实就是如此。

有的人自觉不擅长唱歌，假如满分为 100，明明有 95 分的实力，却在内心给自己打了 20 分，如此低的自我评价，往往会使他们由于不自信而无法完全施展出能力。而且，旁人的呼声越高，他们越觉得为难，甚至备感煎熬。但若是反过来，20 分的实力却自认为 95 分，那么当遭到外界的不良评价时，自尊心会大受打击。自我评价过高或过低都不利于我们获得幸福。换言之，**对自己有全方位的、准确的认知的人更容易获得幸福感。**他们知道自己会面临什么样的状况、如何去处理各种意外、如何用适合自己的方式调整情绪，从而更安心地生活与工作。

从框架中找提示

如何客观地认识自己呢？若是在游戏中，我们可以点开角色的属性面板，一目了然地查看角色的属性和数值。但在现实生活中无法这样操作。但是，智慧的前辈、贤者们根据人类的行为模式、心理模式，研究出了一些框架。这些框架大多是根据实例类型进行分类归纳的，具有客观性，能够为我们普通人提供一些参考借鉴。

以下是我总结出的三种常见框架：

① 忧郁亲和型：容易抑郁的认真型"英雄"

② HSP：太过敏感细腻的"魔法师"

③ 依恋类型：心与心的距离感

看到"类型"二字，可能有不少人会觉得自己只符合其中一种。但我所说的"类型"指的是人的思维特性及行为模式。人是复杂的生物，不同的气质或特性可能会同时出现在一个人身上，例如有些人虽然温柔细腻但易怒。类型不是单一的。有的人可能符合上述的三种类型，而有的人只符合其中一两种。我给出上述分类，并非想给大家贴标签，而是希望大家能通过这种方式加深对自我的了解。RPG 游戏《最终幻想》中有一个法术技能是让玩家可以看穿对方的能力值、剩余体力及弱点等属性。现在，请你通过想象，把这个技能施加在自己身上，以辅助自己思考后续的应对策略。

HP 20/100
白魔法师
火焰·不耐毒

对自己施加技能

框架一　忧郁亲和型：
容易抑郁的认真型"英雄"

"你这种性格很容易抑郁的。"当听到别人这样说自己，你会怎么想呢？关于什么样的性格更易产生抑郁倾向，很多心理学家都探讨过。其中，忧郁（melancholy）亲和型被认为最容易产生抑郁倾向。当然，无论什么性格的人，都有可能患上抑郁症，性格特质并不是抑郁与否的决定性因素，但了解不同类型的性格，对于解读自己大有裨益。

忧郁亲和型这一人格概念，是由德国精神医学者胡伯图斯·泰伦巴赫提出的，一般有如下特征：

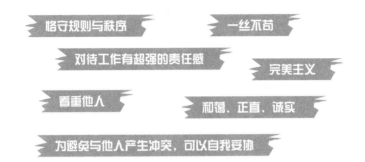

这类性格的人严于律己，他们会制定自己的规则、规范，并尽全力做到。这类人通常在校是尖子生，入职场后是精英；在集体活动中能起到模范带头作用，总是获得极高的赞誉。

这一类型的人由于原则性太强，很难及时转换心态。例如下班后，因挂念未完成的任务而无法放松心情，使得自己的生活被工作侵入。从压力管理的角度分析，这会导致以下负面影响：

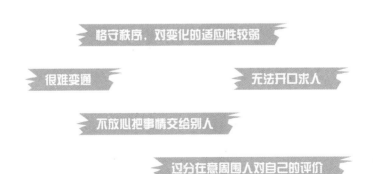

忧郁亲和型人格

也就是说，他们不善于向他人倾诉自己的烦恼，也很难开口呼救。或者说，正是因为自身太过优秀，大部分困难都自己解决了，所以很多人甚至从未正经向他人寻求过帮助。由于能力强，周围人对他们格外信赖，常常委托他们做一些棘手的事。在面对超出自己承受能力的任务时，忧郁亲和型特质的人因过分介意别人的看法，例如害怕别人不再信任自己，或认为自己名不副实，而不顾身心健康，尝试突破极限，结果往往导致身心受损。这样的事例并不在少数。

有很多一直以来顺风顺水的优等生，在工作中遭遇第一个重大挫折后选择了辞职。这种针对重大挫折的适应性障碍，大多是这种性格特质导致的。还有一些人以达成他人的期待为乐。他们把来自他人的期待作为油门，无视自己的承受能力，不断地给自己加速，永远处于高速发力的状态。我称之为"没有刹车的超级战车状态"。

在《马里奥赛车》中有一个辅助角色——朱盖木。这是一只骑着微笑云朵的乌龟。当玩家跑出赛道时，朱盖木会发出信号，为玩家做向导，把玩家送回赛道，同时没收两枚金币作为惩罚。但是生活中的我们并没有朱盖木来相助，要如何避免自己"翻车"呢？

第一，认识自己的抗压能力，承认自己没有那么强。

这一点尤其重要。只有知道自己的极限在哪里，才能有效预测自己将面临的状况，从而找到合适的应对方法。

第二，提前确认对方需要你做到什么程度。

由于忧郁亲和型特质的人习惯于追求完美，对自己的方案总感觉不满意，一遍遍修改、完善细节，希望自己提交的方案无可挑剔。然而很多时候，他们花了大量时间、精力做出来的方案，却不一定能得到对方的认可。例如做了四五十页 PPT，恨不得将产品的所有细节都展示出来，但事实上，对方并没有那么多时间和耐心，也不关心 PPT 中的大部分内容。因此，做事之前和对方确认好要求，避免事无巨细地过度投入。

第三，从不值一提的小事开始，练习发出求救信号。

不管面临多大的困难，若你能找到值得信赖的人，并积极寻求帮助，就不至于走到崩溃的地步。我们要学会发出求救信号。这是存活于世的必备技能。但对忧郁亲和型特质的人而言，由于习惯了自己处理问题，开口求助往往需要克服很大的心理障碍。因此，试着向信得过的人求助，从微不足道的小事开始，逐步适应和接受相互帮助的状态。

第四，及时喊停，摆脱他人的期待，找到更真实的自己。

最重要的是主动给自己安装"刹车"。充分认识自己的在体力和精力上的极限，如果觉得"不太行"，一定要及时喊停。"这对我来说有点儿勉强。""我没法今天做完。"有勇气喊停也是高阶技能之一。只有摆脱他人的期待，才能找到更真实的自己。

没有刹车的
超级战车状态

框架二　HSP：太过敏感细腻的"魔法师"

HSP 是 Highly Sensitive Person 的缩写，意为高敏感人群，是由荣格派心理学家伊莱恩·阿伦提出的一个广为人知的概念。其特征如下（你能从中看到自己的影子吗）：

一、对外界的各种刺激非常敏感。

- 对强光或刺激性气味反应过激，甚至会导致情绪变差。

- 对某种声音很敏感，甚至无法投入工作。

二、容易受到他人的情绪影响（过度共情）。 自己与他人的界限感模糊，同理心过强，常常导致自己身心俱疲。

- 看到身旁的人怒气冲冲，会觉得这个人是在生自己的气，因而浑身难受。

- 看到一些重大事故或案件的新闻报道时，仿佛自己也身处其中，久久不能平静。

三、对于一瞬间的灵感、直觉特别敏锐，内在的危险"探测仪"尤为灵敏。 情感充沛，易受感动。比较喜欢绘画、文学等艺术类活动。时常能注意到别人的需求。

- 能注意到大家都没有注意到的问题。
- 会因为客户一点儿小小的难处，就重新构思一个企划方案。

四、重视独处的时间，喜欢按自己的节奏行事。 若被人盯着或催促，会感到压抑，甚至陷入混乱，工作效率下降。若没有独处放松的时间，会感到很痛苦。

符合上述特征的人，基本上都是高敏感人群。他们会因为敏感度过高而导致不适，例如身体上出现头痛、胃痛、恶心、腹部不适等症状，精神上出现抑郁、心悸等状况。我们也可以反推，若一个人经常出现这些症状，但又找不出临床依据，有可能是因为敏感度过高，神经时刻处于紧张状态。

"关怀战略" ——魔法师的特殊技能

具有 HSP 的特质并不意味着你不够强大，或不够努力。这种特质是与生俱来的，首先要加深对 HSP 的理解，加深对自己的了解，才能从自身的实际出发，找到适合自己的应对策略与改变之道。

HSP 人群占到全球人口的 15% 到 20% 左右。HSP 与感觉过敏（hyperesthesia）、依恋障碍（attachment disorder）等概念有重合之处，因此不少专家指出，这几个概念有许多被误解或者混淆之处，不能用整齐划一的方式去处理。

人们对 HSP 的认知度在逐渐提高。在我的临床会诊中，HSP 的来访者逐渐增多。不过，人们对于 HSP 的认知并未形成统一的认知。即便是心理健康领域的学者也并未对此达成一致意见。但是，这个概念的提出，为那些饱受高敏感困扰的人们提供了参考。这个清晰的概念帮助他们对内心难以名状的痛苦进行了描述，使他们对内在的自己进行探索、理解、反思，并尝试突破。这大概是 HSP 概念存在的最大意义。

同时，有了 HSP 这个共识，高敏感人群有了互相分担痛苦的伙伴，也为该群体之外的人们了解该群体提供了可能性。

拥有高敏感特质的人相当于游戏里的魔法师。玩过 RPG 游戏的人都知道，魔法师特别不抗打，尤其是在肉搏战中，简直不堪一击。高敏感人群和魔法师一样，如果处于可以直接接收外界强力刺激的环境中（比如处理顾客投诉），很有可能无法充分发挥真正的实力。HSP与魔法师的相似之处还在于洞察力。魔法师能够先人一步发现同伴的险境，使用辅助技能探测敌方情报，以规避风险。HSP则因为生性敏感，可以立马察觉到他人的伤痛，最早感知到周围人都没有发现的危机并及时处理。

　　HSP的洞察力还体现在人际关系的处理上，他们通常可以敏锐地捕捉到团队里谁与谁不和、上司今天心情不好等小事。由于容易受到他人情绪的影响，HSP更能照顾到他人的情绪，预先避免可能引发的问题。这是他们出于防御本能的生存战略之一。我有个医生朋友也是高敏感人群，他称这种生存战略为"关怀战略"。HSP就像是组织中的"润滑剂"，并因此备受好评。

　　HSP概念的提出者伊莱恩·阿伦反复强调高敏感这一特质所具有的正面影响。他指出高敏感并不能单纯地作为一个缺点来对待。HSP具有敏锐的洞察力、细腻的情感，这些都是可以帮助他人的巨大能量。若你正为自己是HSP的一员而感到沮丧，或者讨厌过于细腻的自己，那不妨转换一下思维，把自己当成拥有特殊技能的魔法师。

当然，"关怀战略"是一把双刃剑，HSP 常常因为敏感地捕捉到他人的情绪、过于照顾他人的感受，最后把自己搞得疲惫不堪。有一位经常使用"关怀战略"的友人曾说了自己的经历，"我总是会不自觉地被卷入其中，渐渐地，我开始讨厌周遭的人，也讨厌动不动就被卷进去的自己。"因此，HSP 要管理好自己的能量值（HP 血量），尝试在自己可承受的范围内发挥"特殊技能"。

HSS——好奇心旺盛型

或许有人从 HSP 的特征中分析得出，HSP 偏谨慎，会注意避免外界刺激。但实际上在 HSP 中还有一类人，他们有着旺盛的好奇心，会主动寻求刺激、变化，被称作 HSS 型（High Sensation Seeking），即高感觉寻求者。用一句话概括 HSS 的特征，即喜欢和人打交道，但很快会感到倦怠。有人将他们比喻成"同时踩下刹车和油门的人"。该类型的人大多会在满足好奇心与寻求平和稳定间摇摆不定，找不到自己的平衡点。

荣格将人的性格分为外向型和内向型。每个人的性格都有一定的偏向性，这是由遗传因素决定的。外向型的人对外界事物抱有天然的兴趣，喜欢与人攀谈，呈现出善于交际、有活力的性格特点。内向型的人更倾向于思索推敲，审视自己的内心世界，在达到某种限度上的自我认同后，大多会感到满足，不会把自己的想法说出来。所以相较于外向型的人，内向型的人看起来十分克制、内敛。据说日本人大约三成的人是外向型，七成的人是内向型。

HSS 型的 HSP 就是外向型的高敏感人群。我称之为"细腻的阳光型"。这类人在好奇心的驱使下探索外部世界，一时沉迷于社交，等回过神来时发现自己的能量已经耗尽（HP 归零），感到十分疲惫。但待能量恢复，他们又会积极需求新的感觉，直到再次筋疲力尽。如此反复并不利于身心健康。如果你觉得自己也有如上特征，那么请深入地观摩内心，了解这只是你的性格特征，而不是某种"缺陷"。先试着接纳自己的真实状况，才能为解决困扰提供有力参考。

有些敏感是可以后天改变的

很多情况下，生性过于敏感确实会引起一些身心不适，严重者会觉得"活着太难啦"。但在学习如何处理敏感的方法之前，有必要更详细地了解"敏感"。我们需要了解自己在什么样的情况下（或受到什么样的刺激）会感到不适，从而避开或应对此类情况。

敏感大致可以分为三种：

① 特定感官对声音、气味、光照、咖啡因等的刺激反应过度敏感。（感官刺激过敏症状）

② 容易因压力、环境的变化而产生头痛、胃痛等生理不适，或引发失眠、抑郁等心理健康问题。（很容易表现出症状）

③ 在人际交往中，因过分害怕惹怒对方、被人讨厌，而过于在意他人的感受，习惯看别人的脸色行事。（对人际关系过度敏感）

很多学者认为，敏感特质是与生俱来的，难以改变。但实际上，感官、身体上的过敏反应多是天生的，而对人际关系的过敏

今天也要开心啊
如何在不确定中停止不安和焦虑

反应主要是环境因素导致的，即个人的成长经历。从小生活在可能被抛弃或经常遭遇拒绝的不安环境中，或遭受过灾害、霸凌等，心灵受过重大的创伤，这些都会影响一个人成年后对人际交往的敏感度。因此，我们可以通过后天干预缓解这种对人际关系的过敏症状。

接下来，我们来看看依恋类型，这有助于进一步思考人际关系中的过度敏感问题。

框架三 依恋类型

依恋的三种类型

依恋理论首先由英国精神病学家约翰·鲍比（John Bowlby）提出，不同的依恋类型决定了一个人希望与他人建立怎样的连接，或保持怎样的社交距离才能感到舒适。简单地说，就是人与人的内心距离。

在 RPG 游戏中，不同的角色擅长的战斗距离不一样。有的角色惯用刀具，善于格斗，主打近身战；有的善用弓箭、枪支类武器，以远程攻击见长。对防御较弱的弓箭手来说，若敌人靠得太近，非但自己的优势无法发挥，还容易被击中、掉血，甚至"OVER"。在现实生活中，每个人与他人之间内心的安全距离也是不一样的。在安全的距离内，我们会感到放松，能保持良好的状态；而一旦越界，我们会产生不安全感，进入戒备状态，引起关系的不稳定。

依恋关系中个体间的重要差异在于依恋的安全性或不安全性。依恋主要形成于婴幼儿时期，是婴儿与抚养者之间的特殊情感关系。但在成长过程中，若经历过一些重大事件，例如霸凌、身体创伤、重大变故等，那么在构筑亲密关系（例如伴侣）时，会深受此前经历的影响。

依恋关系大体可分为三种类型。

① 安全型

该类型的人能与他人形成良好的关系，不抵触帮助他人或被他人帮助。他们大体上能够基于"性本善"的原则信任他人，情绪也比较稳定。他们能将自己的错误和他人的错误区分开来，并很好地维系人与人之间的界限。该类型的人一般是在母亲或相当于母亲角色的人的呵护下长大的，抚养者给予他们的爱是长期且稳定的。

② 焦虑型

该类型的人总是担心自己被抛弃，总在察言观色，对他人的反应十分敏感。他们虽然渴求亲密关系，但由于惧怕被拒绝，对自己的伴侣有很强的依赖心理。他们因为焦虑不安，常常会对对方做出束缚、支配，或者试探等行为。若是关系发展不顺利，他们往往会觉得是自己的问题。如果感受到善意，他们容易把对方理想化，立马表现出恋爱状态下的特征。

该类型人群的成长环境通常是不稳定的，抚养者的态度忽冷忽热，没有给予他们足够的安全感。

③ 回避型

该类型的人积极避免与人交流，不会黏人，属于喜欢保持距离的"孤狼"。他们基本上会把他人的存在当作威胁，倾向于事先避免、远离人际关系可能引发的纠葛。对于人与人之间的"牵绊""温情"等意识淡薄。他们大多情况下难以理解类似合家欢电视剧这样讲述情感羁绊的故事。他们就算有难处，也不太会寻求帮助，或找人倾诉。他们与伴侣之间虽然有感情，但大多比较淡薄。他们认为保持距离感的关系才是理想的。

在抚养者缺失，或抚养者对孩子漠不关心、缺乏情感交流的环境下成长起来的孩子往往长大后会变成该类型人群。

此外，还有的人既有焦虑型的特征，也有回避型的特征，我们将这一类型称为"恐惧·回避型"。他们一方面害怕被抛弃，对周围人的反应敏感，一方面又惧怕亲密关系，觉得维系起来很麻烦，想一个人待着。因为同时拥有这两种看似矛盾的依恋类型，这类人群的人际关系也变得极度不稳定。

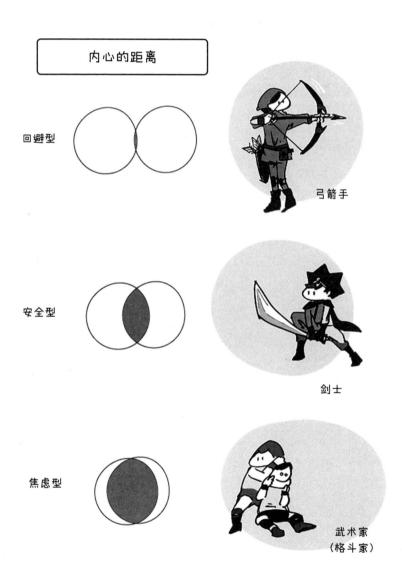

内心的距离

回避型

弓箭手

安全型

剑士

焦虑型

武术家
（格斗家）

当焦虑型碰上回避型

比起安全型，焦虑型和回避型这样属于不稳定的依恋类型的人群，抗压能力更弱，也更容易引起身心问题，产生"活着太难了"的想法。此前介绍的忧郁亲和型和 HSP 人群也在很大限度上受到了依恋类型的影响。各类型的人群所寻求的理想人际关系，如第 055 页图所示。

焦虑型人群渴望一种和对方融为一体的、如胶似漆的依赖关系。当对方满足自己的需求时，焦虑型人群会满心欢喜，而一旦关系破裂，他们会极端痛苦，感觉大部分的自我都被剥夺了。与之相对，回避型人群不会执着于个人的人际交往，若他人向自己求助、示弱，他们会感到不自在，想要逃离。对于责任、承诺等需要与人产生较深关联的相处模式，他们都会避而远之，喜欢独行侠一样的生活方式。

但"独行侠"们并不是没有感情、不会关心人的冷血动物，他们只是比较冷淡。其中有不少人因为自己这种冷淡而苦恼，甚至进行自我怀疑和否定。"大家都在宣扬爱与羁绊，可我真的做不到，是我自己的问题吧？""莫非我真是个冷酷无情的人？"

想要和对方保持哪种程度的亲密关系，我们称之为"亲密需求"。从第 058 页图中可以明显看出，亲密需求相差最为悬殊的是回避型和焦虑型，这两种类型的人若是碰到一起，想要建立起稳定的亲密关系，难度之高可想而知。

了解特征便能确立对策

依恋理论最好的一点在于，无论哪种类型的人都不会被归为病态。诚然，安全型的人相较于其他类型的人而言，会生活得更轻松一些，但这并不代表每个人都必须努力追求安全型依恋。了解自身的特质，从属于自己的特质出发，才能有效地规避可能出现的麻烦，从而让生活变得开心起来。

知道各种类型的人群，了解各种行为特性的背后都是有科学依据的，这一点十分重要。不同的依恋类型并不存在好坏优劣的区别，但确实会对人际关系产生不同的影响。在构筑亲密关系时，非安全型人群比较容易出现问题，所以我们要有一个预先认知。只有了解理想的人际关系应该是怎样的，以及不同类型的人群的亲密需求，才能知道用什么样的方法去调整关系，更好地相处。

依恋类型是可以通过后天的干预发生改变的。有 25% 的人的依恋类型会在四年内发生变化。换言之，通过互相影响，我们可以改变自己的依恋类型。那些自小生活在不稳定的成长环境中的人，也可以通过调整后天的生活方式，或邂逅对的人，从困境中挣脱出来。

开启人生新篇章的钥匙，是良好的人际关系。

今天也要开心啊
如何在不确定中停止不安和焦虑

和大家分享一个我很喜欢的故事，出自热门漫画《JOJO 的奇妙冒险》的第五部，主人公是乔鲁诺·乔巴纳。

乔鲁诺年幼时，母亲对他不管不顾，从未给过他一丝家的温暖，而他的继父是个生性暴戾的意大利人。在继父的拳打脚踢之下，乔鲁诺养成了看人脸色行事的习惯，镇上的人因此都觉得他好欺负。没有人关心自己。乔鲁诺觉得自己就是垃圾。就在他快要心理扭曲时，迎来了人生转机。

一天放学后，乔鲁诺在墙角的一处阴影里发现了一个浑身是血的男人。那名男子被一群恶棍打得半死不活。乔鲁诺看他孤零零一个人，觉得他和自己是同类，动了恻隐之心，于是瞒天过海，把男子藏了起来。

不久，获救的男子出现在乔鲁诺面前，对他说道："那日的救命之恩，我定不会忘记。"然后离开了。自此，不仅继父再也没有对乔鲁诺动过手，就连从前欺负他的那些坏小孩，也都变得对他友好起来，在电影院碰到他时甚至会主动让座。

乔鲁诺救下的那个人其实是个黑帮大佬。为了报恩，大佬一直在暗处保护乔鲁诺，但从不把恩人牵扯进自己的世界，而是保持尊重与边界。因为这个男人，乔鲁诺的内心变得正直起来，目光也不再畏缩。人与人之间最基本的"信任"二字，父母没有教给他，他却从一个游离在法律边缘、以作恶为营生的黑帮大佬身上学到了。

乔鲁诺的故事简直道破了依恋类型和人际关系的本质。黑帮大佬始终把乔鲁诺看作一个独立的人，以稳妥的方式报恩，不执着，不依赖，这种接触模式使乔鲁诺第一次感受到真正的关爱、理解与尊严。因此，就算一个人与抚养者之间的关系是有缺憾的，但若能遇到一个尊重自己独立人格的人，那么在很大程度上，能改变这个人与他人的相处方式，进而对整个生命产生重大影响。已故作家小池一夫先生曾说："伤害人的是人，治愈人的终究也是人"。

尽管遇到一个足以改变人生的可信赖之人并不容易，甚至可遇不可求，但我们仍不能失去希望。我们可以通过总结失败的经验，慢慢描绘出可信与不可信之人的画像，以提高遇见可信之人的可能性。

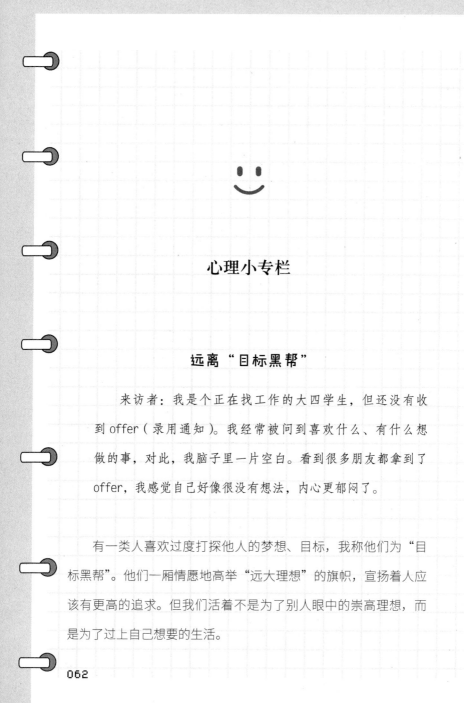

心理小专栏

远离"目标黑帮"

来访者：我是个正在找工作的大四学生，但还没有收到 offer（录用通知）。我经常被问到喜欢什么、有什么想做的事，对此，我脑子里一片空白。看到很多朋友都拿到了 offer，我感觉自己好像很没有想法，内心更郁闷了。

有一类人喜欢过度打探他人的梦想、目标，我称他们为"目标黑帮"。他们一厢情愿地高举"远大理想"的旗帜，宣扬着人应该有更高的追求。但我们活着不是为了别人眼中的崇高理想，而是为了过上自己想要的生活。

- 我想每周都去看看老家的小狗，所以想找个不用出差、不用异地办公的工作。

- 不想早起，想找个离家近的工作。

这些事情或许在旁人看来不值一提，但若于你而言能实实在在地提高幸福感，为什么不能去做呢？这样的人生同样精彩。我们首先要对自己诚实，试着找到生活中能提高幸福指数的小事。这些微小的幸福能让你每天都保持愉悦的心情。

社会宣扬的远大目标和理想，只是众多价值取向中的一种而已。作为个体的人，我们没有必要去迎合社会设定的条条框框。我们要思考的是自己想要什么、想要什么样的人生。

提高好奇心的初速度

究竟怎样才能找到自己想要的生活？我的一位项目策划师朋友吉田将英说："在实践之前，你很难判断出自己想做什么；通常都要在亲历后，才能得出结论。"

迈出第一步尤为关键。吉田先生提倡"提高好奇心的初速度"的概念。假设你的面前出现了一些选项卡片，不要克制好奇心，大胆地去翻一翻，看一看。成天颇有禅意地自问自答"我想要成为什么样的人"，只会让你原地踏步。不要想太多，跟着心走，若是心动了，那就去尝试，哪怕就一次。不要给自己设限，先蜻蜓点水似的浅尝一下，说不定会有意外的收获。若试过之后觉得索然无味也无妨；若觉得有趣，就再试一次。

第 3 章

驱赶"看不见的敌人"

敌人很强大，你要很清醒

上一章介绍了几种性格类型，帮助大家了解"自己"这个角色的属性。但无论是忧郁亲和型人格、高敏感人群，还是焦虑型或回避型依恋的人群，都会有自己的"癖好"，也就是某些固有思维及行为模式。这些"癖好"有时会拔高生存难度，从而令我们感到痛苦。武术有其道，艺术有风格，商务有规则。万事万物皆可分类，不幸自然也可以。虽然每个人的情况不同，烦恼也千差万别，但我们仍可以归纳某些相似的固有模式。为什么有的人总是在同一个地方跌倒？为什么有些坑好像无论如何也绕不开？我将这些开启"必输模式"的罪魁祸首——固有思维或行为模式——命名为"看不见的敌人"。接下来，让我们一探究竟，揭开这些"敌人"的真面目吧。

不幸也有各种形式

反复遭遇同一类型的失败

在与"看不见的敌人"的较量之前，我想先给大家提两点
建议。

首先，感受到负面情绪并不是一件坏事。就像人热了会流汗，
喝了可乐会打嗝一样，感受到不安、焦虑或罪恶感等负面情绪其
实是一种保护性质的反应。我们要战胜的不是负面情绪本身。压
制情绪会加重心理负担，甚至导致心理扭曲。我们要战胜的是那
些让我们产生难以释怀的负面情绪的固有思维与行为模式，正是
这些"癖好"使我们失去了内在能量。

其次，"看不见的敌人"会在不知不觉间打入内部，操控我们
的思维及行动。我们要注意别被这种情绪牵着鼻子走，出现条件

反射式的言行。如果我们意识不到自己的负面情绪究竟因何而起，只是任由情绪肆意宣泄，最终只怕会后悔连连。

例如，当我们与人发生口角时，会怒火中烧、针锋相对，这就是典型的条件反射式言行。一时头脑发热说出的话，会像刀子一样在我们所珍视的人的心上刻下道道伤痕，甚至让彼此的信赖关系彻底破裂。事后，悔恨与失落感席卷而来，我们的自尊心备受打击，因为我们会发现彼时的自己就像被"看不见的敌人"剥夺了行为主导权，被操纵着发出了"攻击"。

这些"看不见的敌人"不好对付，若要与其对抗，我们要先认清"敌人"的真面目，制订有效的作战计划，冷静地逐一攻克。同时，我们还可以发挥"元认知"这一技能，审视自己当下的行为是否受到了这些狡诈的"敌人"的操控。在元认知的助力下，所谓的"人生困难模式"这一不可名状的人生痛苦体验的集合，也可以被转化成一个有解决方案的人生课题。

敌人之一 "应该"思维

如诅咒般桎梏人的枷锁

第一个"看不见的敌人"就是"应该"思维，在第一章的小专栏中，我对此做过简单的阐释，在这一章中，我将具体展开。

以下是一位女性来访者的自述：

> 我是做销售的，可业绩一直不好，上班对我来说真的太痛苦了。我真的有资格留在公司吗？我是不是拖了后腿？这些想法让我感到焦虑。上个月，我完成了98%的销售目标，可上司告诉我，作为一名销售，应该要做到100%。到底怎么做才能完成100%呢？大家都能做到的事，为什么我却不行？

不难看出，这位女士在职场上被上级、同事强行灌输了"应该"思维，而她自己内化了这种思维，从而感到迷茫和压抑。确实，职场上潜藏着很多类似"你应该如此"的暗示。

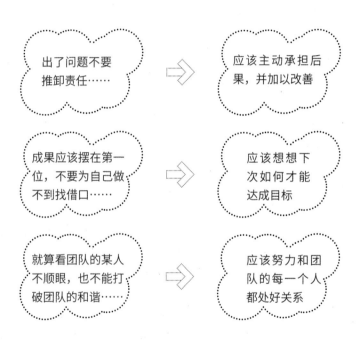

我对这位女士说："只有 100% 完成目标的才是合格的销售吗？完成 99% 的就不是？你为了提升业绩而打的电话、劳碌的奔波、学习的技能、处理的售后服务，都不值得一提吗？销售就应该 100% 完成任务，否则就没有资格称为销售？你有没有想过，这种认知本身就存在一定的偏颇。就像……我作为一名心理咨询师，就应该对所有的心理健康问题都了如指掌并提供建议吗？其实我也有很多不懂的东西，很多没遇到过的状况，但这并不影响我成为一名咨询师。在职场上，我们要注意的是不被某种不那么客观公正的思维束缚。"

她思索了一会儿，说："我确实没有想过这个问题。在不知不觉间，我就把上司的训话当作一种常识，我觉得作为销售就应该这样、应该那样，否则就不配做销售……原来这就是我焦虑的症结所在。"

"应该"思维就像是被诅咒的装备，在短时间内也许能让我们变得更强，但同时也在暗中伤害我们。

要想摆脱"应该"思维，首先就要意识到这种思维的存在。当别人的言行举止未能达到我们的期待时，我们会感到愤怒、烦躁。这种时候，我们就要警惕是不是"应该"思维在作祟。举个简单的例子，上司抱怨下属开会时总是踩点到，其中暗藏的逻辑大抵就是——"下属就应该提前五分钟到"或者"下属应该比上司早到，提前做准备"。你可以效仿这个方法，找出自己负面情绪背后的"应该"思维。下面几个例子仅供参考。

舍弃"应该"

太过执着于"应该",会让我们感到疲惫。很多看似"应该"的事情,其实只是因为受到了他人价值观的影响,或只是时代的产物。例如:

三十岁了就应该结婚

女孩子应该温柔体贴

褥子不应该短于膝盖

出门前应该认真化妆

男人应该有泪不轻弹

男人不应该进厨房

在这个日新月异的当下,这些老旧的"应该"思维显然已经不合时宜,但仍有太多的人被束缚着。一个人的固定准则越多,就越容易气愤。讲太多"应该"的人,往往是很麻烦的家伙。他们习惯用自认为的"常识"去要求和评判他人,当他人的回应与自己的"常识"违背时,就会感到愤怒。他们就像会随时引爆的地雷,使人感觉难以相处,甚至给身边的人带去压力。

愤怒是一种内耗的情绪。学会接受不同的声音、不同的标准,生活才能更轻松。心理学上有一门课程叫愤怒管理,旨在帮助人们防范与控制愤怒。该课程告诉我们,其实"应该"思维和"往煎蛋上加什么"是一个层面的问题。不管在煎蛋上放盐还是放酱油,或者放蛋黄酱、红醋,只要味道可口,很少有人会勃然大怒吧?你口中的"应该"或者说某些"准则",对别人而言,不过是和"往煎蛋上加什么"一样的小事，实在不必过于计较。人与人从来都不是一个模子刻出来的，既要允许别人用不同于自己的方式、方法去生活和工作，也要允许自己能更灵活地处理各种问题、享受生活的美好。

从此刻起，减少"应该"，少一点儿刻板的标准，多一点儿接纳与理解。你会发现，心态变平和了，天地都宽了。

从我个人的经验而言，越是认真勤勉的人，就越难逃离"应该"的魔爪。确实，改变坚持了几十年的思维方式并不容易。我有一个小建议——当你想着某件事"应该如何"时，不妨把这种想法转换成"我的兴趣是什么"。"应该"背后隐藏着一种强制的责任感，而兴趣背后只是个人意愿。

我有一个来访者，人好心善，总是为他人着想。在聚会上，他从不抢风头，而是主动把话题抛给所有人，努力活跃气氛。但他对我说："我发现自己根本没有享受到社交的快乐，我关注着所有人的感受，若是一个人看起来不高兴，我都会觉得是自己没做好。"不难看出，他是把"我应该让在场的所有人都开心"作为自己参加社交活动的准则了。这种不快乐的背后正是"应该"思维。我告诉他，试着把这条准则转换成自己的兴趣所在——"让在场的所有人都开心是我的兴趣所在。"换言之，活跃气氛这件事，想做就做，不想做就不做，而不是强迫自己去达成目标。

敌人之二　反刍思维

延长负面情绪的棘手存在

第二个"看不见的敌人"是反刍思维。就像牛、羊会反复咀嚼已经咽下的食物一样，反刍思维是指个体反复思考消极事件和消极情绪的症状、原因、结果的思维方式。反刍越频繁的人，越容易沉浸在消极的情绪中，进而影响正常的认知和情绪功能，出现失眠、焦虑、抑郁等症状。

用批判的眼光审视自己的过往，有利于自我成长。而反刍思维与自我反省的不同在于，反刍思维会让我们陷入"我为什么会犯这种错误""我怎么这么没用啊"的自我否定中。一旦被消极情绪所裹挟而不能自拔，我们就无法洞察问题的本质，无法找到自己真正需要改进的地方。

反刍思维的可怕之处在于,它会对过去和未来"下手"。当我们在某处栽了跟头,可能会想:"我真是没用,之前也犯过同样的错误,怎么一点儿长进都没有!"如此把当下的情绪和过去的经验联系起来。又或者联想到未来而惶恐不安,担心自己以后还会犯同样的错误。反刍思维就像涡轮增压式引擎,带动着过去与未来的"齿轮"高速运转,永不停歇。

很多时候,我们本想自我反省,结果深陷消极情绪,开启了自我否定模式,觉得自己一无是处,导致严重的内耗。当我们扪心自问而得不出有效结论时,请停止自省,去问问别人的意见,寻求心理医生、专家学者等有能力胜任心理咨询的专业人士协助,或者让亲近的伙伴在你钻牛角尖的时候拉你一把。相较于自己闷头琢磨,旁观者的视角会更客观,能更好地帮助我们厘清思路,找出问题所在。

把积压的情绪或发生的事情写下来也是一种有效的方式。森田正马创立的"森田疗法"中有一种叫作"日记法"的疗法。该疗法要求咨询者撰写日记,记录病情变化和治疗体会,医生则凭此定期予以指导。这既为医生提供了翔实的病情资料,也为医患之间搭起沟通的桥梁。把自己脑子里的想法用文字记录下来,可以帮助我们将"自我"和"问题"分隔开，客观地看待问题。你也可以请他人阅读，帮助你整理思绪。

瑜伽、冥想、深呼吸以及有氧运动等也都是很有效的方式。锻炼或注意力集中时，我们会更加关注身体当下的感受，由此斩断不知不觉间连接起来的情绪纽带，把正在进行时光旅行的思维拉回到面前。反刍思维百害而无一利，若想及时止损，那么就在意识到自己陷入其中之时立马起来运动吧！心怀郁结之时，何不一鼓作气，朝着前方百米冲刺呢。

"认真子"假说

除了上面提出的几种方法，这里还有一个小妙招可以帮助你从反刍思维中跳脱出来，我称之为"认真子"假说。

当我的朋友因反刍思维而情绪低落时，我总是会打趣道："你瞧你，莫不是被'认真子'附身了。"

"认真子"是我和朋友假想出来的小妖精，它会在我们心情低落时跑出来作祟，在大脑里正襟危坐，启动"反刍"模式。通过抛出"认真子"这个话题——"'认真子'来了啊""还真是呢"——交谈五分钟左右后，我们就会意识到自己刚刚较真了，然后尝试自我调节，心情会因此好转不少。当然，你需要仔细斟酌那个能与你打趣烦恼的对象。

有时我们就需要用这股子傻劲和严肃的烦恼对抗。是悲是喜，全在你的一念之间。越是近乎绝望的境地，就越要开一两句不严谨的玩笑，将人们从过于严肃压抑的氛围中拉出来。当你发现自己又开始钻牛角尖的时候，不妨和朋友们来试一试吧。

敌人之三　自责与他责

弄清自己的责任范围

第三个"看不见的敌人"是"自责思维"，也就是把错处都归结到自己身上的思考方式。你是否从下面这三个例子中看到了自己的影子？

① 看到关系要好的同事犯了错，你会忍不住反省："如果我当时出手相助，就不会发生这样的事情了吧。"

② 伴侣得了抑郁症，于是你每天都在后悔："如果我能够多给他一点儿关注，一些支持，他肯定不至于这样。"

③ 没有考上理想的大学，你感觉自己辜负了父母的期待，让

他们失望了，是自己不够努力，害他们伤心了。

　　自责思维最棘手的地方在于，会把责任不在自己的麻烦事一股脑儿地往自己身上揽。职场上犯错在所难免，你不可能对他人的错误都防患于未然；伴侣患病，很有可能是他工作环境过于严苛导致的；至于上大学这件事，父母不过是旁观者。你之所以会产生"自责"的心理，往往是因为没有明确"界线"。美国心理医生亨利·克劳德和约翰·汤森德在《过犹不及：如何建立你的心理界线》一书中对"界线"一词做出了如下定义：

　　　　界线可以帮助我们定位，定义什么是我，什么不是我。界线可以标示我到哪里为止，别人从哪里开始，让我有'所有权感'。知道我可以拥有什么，我的责任是什么，将给予我自由。假如我明白我家的庭院从哪里开始，又到哪里结束，我就可以自由地来去。能够为自己的生活负责，给予我许多不同的选择；不能"拥有"我自己的生活，我的选择或取舍就会变得有限。（蔡岱安译）

　　而自责思维很强的人往往没有把这条界线划分清楚。

若能把界线划分清楚，我们看待问题的视角也会因此改变。
在前文的三个情境中，界线感模糊的人会把同事犯错、伴侣生病、
父母失望全部归咎于自己。界线感明确的人则能把自己的问题和
别人的问题分开考虑。我们可以做下对比：

看到关系要好的同事犯
了错，你会忍不住反省
自己："如果我当时出手
相助，就不会发生这样
的事情了吧。"

关系要好的同事犯错了，
好像是因为不擅长同时处
理多个任务。我打算把一
直在用的 App 推荐给他，
反正也是举手之劳

> 伴侣得了抑郁症，于是你每天都在后悔："如果我能多给他一点儿关注，一些支持，他肯定不至于这样。"

> 伴侣得了抑郁症，或许是因为过劳吧，也可能是上司太过苛刻，我可能也需要稍微注意一下与他相处的方式

> 没有考上理想的大学，你感觉辜负了父母的期待，让他们失望了，是自己不够努力，害他们伤心了

> 我没有考上理想的大学，父母都很失望，他们非常期待看到我入学。话虽如此，但这毕竟是我自己的人生，该怎么做由我自己决定

之所以无法明确划下界线，往往是因为如下两种错觉——对责任范围的错觉和对能力的错觉。

对责任范围的错觉指的是，错误地将他人的问题划拨到自己的责任范围里，插手了他人的事物，出现了越界的行为。不管是同事犯错，伴侣抑郁，还是父母伤心，这些从根本上来说还是他们自身的问题。越俎代庖很可能会剥夺对方认识到自身问题的机会或能力。如果你觉得自己责无旁贷，那么请记住，帮不帮是你的选择，而不是必选项。

而对能力的错觉指的是，错误地认为只要自己再加把劲就可

以解决别人的问题。有这种倾向的人往往是那些经常勉强自己，觉得只要自己再努努力就可以成功的人。可实际上，帮助别人比想象中的要难得多。

我们在面对家人时，经常会产生这两种错觉，因为在家庭这个不容他人目光介入、审视的密闭环境中，极容易发生越界的交流。很多人会认为自己应该肩负起家庭的责任，甚至牺牲自己也在所不惜，但其实这也是一种越界行为，有时甚至会适得其反。界线感模糊的家庭中长大的人更容易越界或被越界。

当你对某件事感到迷惘，不知道自己该不该插手时，或许你可以先想想下面这两个问题——"这件事我应该管吗？""这件事我管得了，解决得了吗？"

明确区分"巨石"与"便携行李"

自责思维还有一个"同胞兄弟"，就是他责思维。

他责思维简单来说就是把所有的不顺都归咎于他人的思维方式。具有这一思维方式的人不会反省自己的过错，只是一味地责备他人；或为了一己之利，想要通过推卸责任，掌控他人。自责思维和他责思维归根结底，其实都是界线的问题。

《过犹不及：如何建立你的心理界线》一书中提出，为了划下一条明确的界线，掌控自己的人生，将出现在人生路上的困难分为重担（Burden）和担子（Load）这一点尤为重要。

重担指的是过重的负荷，也就是人生中出现的困难、惨剧以及危机等，它们如同巨石压身，足以摧毁一个人。如此重压非一人之力量所能承受，你必须在他人的帮助下跨越艰难险阻。而担子指的是日常的辛苦，是每个人都需要面对的日常琐事，是从自己的情绪、态度、言行中生发而出的需要自己肩负的责任，它们就像是可以放进双肩包里的随身物品。

划下界线其实就是在明确划分"巨石"和"便携行李"。具有自责思维的人会把自己无法背负的"巨石"当作"便携行李"一样处理，拒绝周围人的帮助，因而痛苦万分。而具有他责思维的人则会把自己应该背负的"便携行李"当作"巨石"一样对待，总是甩给他人解决，逃避责任。对后者来说，或许问题可以得到一时的解决，但造成痛苦处境的根源是谁都无法帮助承担的人生课题，只想着逃避是无法彻底从苦难中逃离的。

而那些能够诚恳地向他人寻求帮助的人则很善于划分"巨石"与"便携行李"。他们认同自己应负的责任，也会在面对重担时表示自己无法一个人承担"巨石"。他们也会在需要的时候态度明确地表明"我现在就需要你的帮助"。

人们总会低估插手他人问题的困难程度。当你试图解决那些界线感模糊且具有他责思维的人的问题时，你会面临两个选项：

① 一直肩负着本不属于自己的担子。
② 让对方意识到这是他自己应该担负的责任。

这道选择题在面对家人、伴侣等与自己有亲密关系的人时会显得格外的难，因为在这些人际关系中，界线很容易变得模糊，我们会产生"我一定得做点儿什么"的想法，而此时，最大的错觉往往就是觉得自己可以为对方做点儿什么，可以帮得上忙。请你记住，扛起别人的担子绝不是一件容易的事情，若你不能认清自己是否有余力肩负他人的责任，并在此基础上划下明确的责任分界线，那么你很可能会越陷越深，无法从中抽身。

敌人之四　二分法思维

学会接受灰色地带

第四号"敌人"是二分法思维，也被称作黑白思维、全或无思维，这是一种认为事物非黑即白，非善即恶，二者只能择其一，不能有模糊地带的思考方式。

在人类发展史早期，迫于生存的压力，人们必须快速地评估环境，做出是战还是逃的判断。这里其实就是一种二分法思维。它是一种简化思维，可以帮助我们面对问题时快速做出决策，但容易使我们忽略真实情况，陷入对错之争。

具有"二分法思维"的人会因为坚持自己所谓的"正确"而变得有攻击性、没有人情味。这一思维模式最大的问题在于，他们无法认同介于黑白之间还有一段灰色地带。但这个世界上的大多数问题都不是二元对立的，事物发展具有微妙变化或细微差距。特别是在人际交往中，是非对错有时很难划分得一清二楚。因此，一个人若抱有"二分法思维"，那么灰色地带对他们来说就是压力与不安的来源，他们会把自己心中的善恶对错绝对化并强加于人，难以想象或理解他人的难处。当受到盟友的否定时，他们会立刻把对方划分进敌人的阵营，在这样的思维模式下，我们很容易最终将自己孤立起来。

所以做决策时要警惕这种二分法思维。你可以通过练习，学会接受黑白之间还有灰色地带，认同 95 分就是 95 分。也可以尝试着把生活中遇到的糟心事写下来，积极地从中发掘"不幸中的万幸"。同理，在人际交往中，多关注对方的闪光点，而不是以偏概全地否定一个人，因为这个世界上的大多数人都不是非善即恶的，学会理解每个人都各有各的状况，各有各的坚持。

重复做这样的训练，你会变得更容易接受现实。即使你发现自己还有一些不能妥协、原谅的事情也没关系，因为当你有意识地做出转变，就不会像之前那样一刀切地看待问题，而是会给自己一定空间来进行思考和理解，同时也能够站在他人的立场上考虑问题。

受困于二分法思维的完美主义

二分法思维在完美主义者身上尤为常见。

对完美主义者来说，失败和成功是完全对立的，没有达到 100 分就是失败。这往往是因为他们在孩童时期，一直处在"不完美就没有价值"的价值观念中，父母总是在孩子取得好成绩后才会给予爱与认可；若未能达到父母的要求，就会被责怪或无视，因此在他们心中会产生两个自己——受到肯定的自己和被否定的自己。被否定的自己是没有价值的，这一判定令完美主义者对不完美的自己会心生恐惧与挫败感，把不完美的状态当作不可饶恕的事情。他们会对自己要求格外严格，认同 95 分就是 0 分，因而很难做到自我肯定，常常会因为无法达成目标而情绪低落，感到自责。同时完美主义者也会严于律人，格外计较他人的缺点，难以认同他人付出的与其能力相匹配的努力。即便是信赖的人，他们也会因为看到对方身上的一丁点儿问题而转变态度，全盘否定，导致人际关系破裂。

但完美主义并不能真的让你做到事事完美，反而会产生自我否定的心理，心生痛苦。一味追求完美而忽视了自己，体力和精力都超负荷运转，身心状况会因此失调，从长远来看你是无法保证一直处在最佳的工作状态的。就像参加马拉松比赛，你不可能一直以百米跑的速度冲刺。

　　而转变的第一步就是冷静地斟酌一下完美主义究竟带给了你什么，若你一直因这种思维模式而痛苦，那不妨下定决心，舍弃它吧。

敌人之五　理想化

在憧憬与幻灭的夹缝中

第五个看不见的"敌人"是理想化，即对自己喜欢的人或珍惜自己的人抱有一种憧憬的情感，将他人完美化，忽略或否认与完美形象不相符的特征。焦虑型依恋者就是这一思维模式的代表。若他们对某人产生憧憬之情，或觉得对方可以百分之百理解自己的痛苦，就会立刻与之建立起亲密关系，看这个人哪里都好，堪称完美，即使他们才刚认识不久。

漫画《死神》中，一个名叫蓝染惣右介的角色曾说过这样一句话："憧憬是离理解最远的情感。"理想化背后的逻辑其实就是，不去深刻理解对方作为一个人的复杂性，而仅仅将对方视为对自身的补全，将自己心目中的理想形象套在对方身上。这难道不是一种很自私的行为吗？猛然对他人抱有过高的期待，身为人的你赋予了对方神的使命，这样的人际关系绝对称不上公平，更不可能维持长久。

尤其在恋爱关系中，我们很难将爱情与"理想化"区分清楚。若对方的行为与自己理想中的有出入，人就会立刻产生幻灭感。"憧憬"的过程中总会伴随着"幻灭"，而这对双方来说都不好受。

渴求理解的陷阱

理想化的背后还潜藏着一个名为"100% 幻想"的思维模式，即当事人会幻想或许世界上的某一个角落，有一个人可以理解我的全部。幼年时期未能得到抚养人无条件的爱而心生缺失感的人更容易陷入和"100% 幻想"的缠斗中。

曾有一位来访者告诉我："虽然我的父母很不称职，但我相信总有一天，我会遇见一个完美的爱人，全心全意地爱着我。"这就是典型的"100% 幻想"。

"100% 幻想"大抵可以称得上是焦虑型依恋风格的终极体现。该类型人群喜欢黏着度高的人际关系。如果把两个人比作两个圆形，那么他们所追求的理想状态就是两个圆完全重合，即一种融合状态。他们坚信，若双方能够达到这种融合状态，对方就再也不会离开自己了。

百分之百的融合自然是不可能存在的。若一心追求那种不存在的融合状态，人际关系中难免会出现波折。对被理想化的一方而言，被索求百分之百的照料无疑是近乎苛刻的高标准、严要求。而索求爱与理解的一方则往往会因为对他人的期待值过高而不断期望落空，因此感到格外痛苦，然后为了寻求下一个不存在的人选，将希望寄托到其他人身上。

僧侣小池龙之介曾说过:"想要被理解的烦恼是很难开解的。一个人越是想要获得理解,就越会与初衷背道而驰。"因为在寻求理解的过程中,自我主张的欲望会越发强烈,诉诸口的要求便会越来越多,对方则因此备感疲惫。甚至当对方开口询问时,当事人也会因为想要对方完美地理解自己而一遍遍地加以否定,这样做往往会使双方都感到格外挫败。

希望他人理解自己的痛苦与不安,这种欲求本身就很难被满足,所谓的百分之百的理解更是难上加难。这就像你拿着一幅毕加索的抽象画给街上的路人看,并且强迫对方正确理解画作的精髓。更何况,大部分人其实对他人的焦虑或不安并没有那么感兴趣,只有以负面情绪为食而生的妖怪,才会把别人的焦虑当乐子来听。

解决这一问题的根本策略在于,当不安如同野火般急速地烧过心头时,你得先能意识到,是不是自己的期待值过高导致的,然后学会逐步降低期待值——"如果有个人能 60% 理解我,我就心满意足了,能 70% 理解我,那我可太幸运了。"

我无法给你一个准确的数值,告诉你什么程度的理解才是最合适的,但若是你很少向对方表达感谢或总觉得对方"做到这个份上不是理所当然的吗",那么你就应该有所警觉了。我们可以一边在心中发问，是不是要求得太多了，一边试着征求第三方的意见，看看自己的要求是否合理。时常确认并反思可以帮助我们更客观地看待问题。

在征求第三方的意见时，你需要注意的是自己的表达方式，因为在这一过程中你会下意识地想要第三方认同自己的做法，所以在表达时可能会诱导对方告诉自己"你没错"。但我们此时真正需要的是一个客观的视角，所以请基于事实描述，不要添油加醋。

敌人之六　被抛弃的焦虑

没有你我就活不下去

第六号"敌人"是被抛弃的焦虑，指当亲密关系出现波动时，人会产生不安与被孤立的感觉，担心自己会被抛弃。比如，你是否曾有过如下感受：

- 伴侣稍微说了一点儿否定你的话，你就担心对方是不是要分手，因此惶惶不安。

- 朋友信息回复得比较迟，你就开始担心对方是不是讨厌自己了。

- 在工作中出错了，你会想别人一定觉得"这种错都犯的人留着有什么用", 因而变得很焦虑。

焦虑型依恋者所焦虑的正是自己会被抛弃。大多数有这种感受的人在年幼时都曾有过如下经历:

- 父母离异或经历过生离死别。

- 本来想撒娇, 但是由于各种各样的缘故未能实现。

- 比起其他兄弟姐妹, 好像自己最不受重视。

- 被同伴孤立或遭受欺凌。

- 回到家时, 家里总是没有人。

这种创伤体验所带来的孤独与疏离感, 就像一颗被埋起来的地雷, 沉睡在身体深处, 触发后就会引爆。若当事人依据当前的情况推测自己可能会被抛弃或面临分别, 他们会感到恐惧步步紧逼, 陷入紧张与不安中。这已然成为一种生理性反应, 和我们通常所感受到的不安与焦虑有本质区别。深陷"被抛弃的焦虑"的人, 会如同面临世界末日一般绝望, 当不安感在他们心中奔腾时, 他们通常会采取如下四种行为:

① 发疯似的努力付出

心理学上有一个概念叫共同依赖症，简言之就是依赖别人对自己的依赖，通过给予别人关怀——甚至是不必要的关怀——来确立自己的人生价值，以此获得满足感，这一特质多出现在功能异常家庭的成员身上。而"被抛弃的焦虑"正是共同依赖症的症状之一。为了守住自己的一席之地，当事人可以无视自己的体力极限，以惊人的速度完成工作，或为了心爱之人倾尽所有，等等。

② 试探对方底线

为了确认对方是否真的信任自己或抱有善意，当事人会故意说一些或做一些让对方不舒服的事情，用各种各样的方式试探对方的底线，确定对方不会离开自己。如果是情侣，那么一方可能会不停地打电话、发信息，监视对方的行动；还可能会故意提分手，或者说一些让对方吃醋的话等，以此吸引对方的注意，确保关系的稳定性。

③ 无法拒绝亦无法离开

就算对方的要求很过分，做的事情让自己很难受，当事人也会因为更恐惧分离而无法拒绝或逃离；即使对方令自己格外痛苦，甚至给予肉体上的折磨，当事人也依旧想要维持这段关系。这种行为很难得到周围人的理解。

④ 下意识往坏处想

不论对自己还是对他人都持否定的看法，即便获得赞扬也会感觉是裹着糖的砒霜，忍不住怀疑别人对自己好是另有所图。这种否定并非出于自我批判，而是一种自我否定，当事人只是在自咎，所以他们即使感到很痛苦，却无法改善事态。

这也与前文的"二分法思维"和"100% 幻想"息息相关。焦虑型依恋者极度渴望得到他人的理解，但当这种渴望无法被满足时，哪怕只有一丁点儿的不顺心，他们便会感受到强烈的被抛弃的恐惧与深深的绝望。他们任由恐惧吞噬自己并发泄心中的愤怒，

激烈地指责他人,虽然他们并非是想表达愤怒,事后也会因此有
负罪感以及自我厌恶感。他们之所以有这样的表现,是因为他们
一直抱着"在这个世界上的某个地方一定有个人百分之百理解我"
的幻想不撒手。他们试图建立如胶似漆的你中有我、我中有你的
融合状态,相信只要拉近双方的距离,使两个人越来越趋同,对
方就能够完全理解自己。可越是抱有这种 100% 幻想,他们就越焦
虑。精神科医生崔炯仁先生用两个物体间的引力关系解释说明了
这一现象。

在物理学中有个定律叫平方反比定律,而天体之间的万有引
力就适用于这条定律,即两个物体之间的引力与距离的平方成反
比。当距离缩短一半,两个物体间的引力会增加四倍而不是两倍;
当距离变为四分之一时,两个物体间的引力则会增加十六倍。崔
炯仁先生认为"100% 幻想"与相伴出现的"被抛弃的焦虑",和
该定律有异曲同工之妙,也就是信赖度越高(双方内心的距离越
近),对于分离的焦虑就会越强烈。当双方内心的距离由最开始的
一百缩短为五十,"被抛弃的焦虑"就会膨胀四倍。如果更进一步,
内心的距离缩短为二十五的话,那焦虑感就会膨胀十六倍。随着
信赖度逐渐提高,焦虑感也会节节攀升,无法自控地疯狂试探对
方底线的行为也会因此越发不可收拾。最终,这种焦虑会演变为

"离开了这个人我就活不下去了"的极端心态。

人生而不同，交流永远不可能在信赖度百分之百的状态下进行。为了消除焦虑而做出的努力只会加重焦虑的程度，也会给对方造成压力，最终使双方不欢而散。

如何摆脱"被抛弃的焦虑"

若想扭转事态，你首先要明白，问题的根源在于你抱有 100% 幻想，而不是那些不理解你的人。转变视角可以帮助你大幅提高解决问题的可能性，对于自己面临的人生课题，我们要拥有它的所有权，不能将希望寄托于他人。

当你焦虑于想要一种真正稳定且永不分离的关系时，若只抱着"不能让我百分之百安心就不行"这个假定条件不撒手，你永远都不可能从被抛弃的焦虑中解脱出来。你要接受这个世界上没有一个人可以完完全全地理解你这个事实，即使它颠覆了你对人生的认知。

虽然改变并非易事，但我还是可以给你提供一些小窍门。首先，焦虑的典型行为——试探底线，是比较容易即刻舍弃的。这种做法只能带给你一时的满足感，就像抽烟喝酒，但它并非一个可以长久带来安心感和满足感的暖炉。试探的一方之所以这么做，是因为他们感到不安，无法确信对方的爱。所以放弃试探行为的关键在于，你必须多多体验无须做出这样的举动也可以得到对方的爱这样的经历。所以尝试和对方一同制订规则，齐心协力，共同克服这种试探心理吧。

另外，在"100% 幻想"这一思维模式下，你不可能建立平等的人际关系。焦虑型依恋者一旦进入恋爱模式，大多都会"重色轻友"，因为他们会认为只要有一个人能够百分之百满足自己的心理需求就足够了。但遗憾的是，现实中并不存在一个可以完美匹配你的需求的人，即使这个人是你的恋人，对方也不可能做到这一点。这样一来，最优的方案便是建立数个非百分之百的依赖关系。

在金融的语境中，为了规避破产的风险，你可以将资产分散到数个金融产品中，这一投资方式叫投资组合。若将手中的鸡蛋全部放置在同一个篮子里保管，篮子掉落的话，所有的鸡蛋都会碎掉，但是如果你把这些鸡蛋分别放在不同的篮子中，就算有一个篮子掉落，也不会影响到其他篮子里的鸡蛋。人际关系亦是如此。太过于依赖一段关系的话，如果这段关系发展得不尽如人意，你就会受到巨大的打击，甚至身心俱疲。

熊谷晋一郎先生说过："所谓自立，就是增加可依赖关系的个数。"只依赖父母或恋人等特定对象的人会患得患失，无法从害怕失去的焦虑中解脱出来。身边有越多可以依赖的人，我们会越发从容地处理与每个人的关系，增强对人生的掌控感。具体来说就是，我们不要百分之百地依赖某一个人，而是要把百分之六十的依赖分散到三个人身上。当你经历过分离，明白就算一个人离开你，你也能挺过来，慢慢地你就不会再把对方当作自己的归属或执着的对象，而是能考虑到他人的幸福并由此建立平等的关系。

敌人之七　自我怜悯

将一切都无效化的最强劲敌

最后一个"敌人"就是自我怜悯，即总觉得自己很不幸并陶醉于这种自我否定中。它如同极难攻破的要塞，屹立于我们苦痛的人生旅途中，堪称究极大 BOSS。

经历人生的不幸，就像垃圾桶回收各类不可理喻的垃圾，人们在这一过程中时常会有从天堂跌入地狱的痛苦体验，于是有人就会想，干脆一直保持绝望吧，这样反而没有那么痛苦。因此，每当遭遇不公时，他们就会怀着"这一切都是我命中注定"的想法，不断强化"我很不幸"这一自我认知，进而认同自己的不幸是永恒且特别的。这就跟借助酒精或赌博来麻痹自己，转移注意力一样，人们试图通过沉醉在"我很不幸"的认知中挺过惨烈的日常，这也是人们为了在困难模式下挺过来所想出的对策。

这种状态不可能被轻易改变，因为这是人们面对痛苦时麻痹自己的手段。即便有从不幸中挣脱出来的方法，当事人也会出于对改变现状的不安而无法积极地接受。有人曾说："只有时常让一只脚踏进不幸的范围，你才更能够感到安心。"习惯性自我怜悯的人很难想出除此之外的生活方式。

人们在遭遇不幸后，都会在一定程度上陷入自我怜悯的情绪中，渴望被鼓励、被共情，由此慢慢地从中恢复，获得向前迈进的能量。但有的人却自此再也无法从自我怜悯的围栏中脱身，甚

至心生绝望，变得不再相信自己有能力往前走，因此放弃承担自己的责任，放弃自己课题的所有权，转而寄希望于找到一个"完美人选"，帮助自己解决一切事情，成为一个"具有他责思维的人"。自我怜悯可以说是终极的他责思维。他们会不断地向外发射"你会帮助弱小的我"这样的信息，却因为无法忍受痛苦而放弃做出真正的改变，以"我的不幸是命中注定的"来维持自己的"人设"。

他们会把"自我"和"周围的人"划分为弱者和强者。为了维持自己弱小且不幸的"人设"，他们需要周围的人"扮演"强者、恶人的角色。他们会在自卑心理的作祟下向周围人求助："请问我这样的废物，怎么做才好呢？"但这种把对方理想化的援助关系并不稳定，一旦事情的发展与预期不同，援助者很可能会变成背锅侠，被当作恶人对待。自我怜悯者甚至会出于一种不安的心理，通过诋毁援助者的方式，博取同情，获得肯定。他们会对事件进行选择性的描述，甚至掺杂一些夸张或扭曲事实的内容，反而对自己的依赖以及对方的给予避而不谈，使听者乍一听会觉得错不在讲述者身上，而这正是讲述者希望达成的目的，让听者成为自己的同伴。

通过这种方式寻求同情与注目，并不能真正解决问题。把自己当作苦情戏的主角，坐在"弱者"的宝座上，大肆宣扬着"弱者的正义"，操纵着"强者"。这种状态只会让人深陷黑雾之中，拒绝一切外来的影响，延续着痛苦，同时还会伤害到他人。

但受助者这么做并非有意为之，他们只是太过于关注自己的痛苦以及认同自己的弱者身份。他们在快要溺毙的痛苦中使劲扑腾，全然没有注意到自己挣扎的手脚正用力地踢打在别人的身上，使得身边的人流血受伤。除了拼命挣扎，他们根本无暇顾及其他。我曾说过，不幸也可以被划分类型，而自我怜悯就是可以将全员都裹挟进不幸境地的最可怕的一种。

对援助者来说，他们也在其中承受着压力。他们一方面害怕自己把话说重了，对方可能会情绪过激，结果真正想说的、该说的话说不出口，内心纠结，无法释怀。另一方面，若援助者经过一番心理斗争，说出了自己的真实想法，给对方提出建议，他们还可能面对对方不领情并勃然大怒，进而被污名化这一境遇。

这样的结果对援助者来说无疑是非常痛苦的。这样如履薄冰的交往方式也不可能顺利进展下去。随着关系破裂，自我怜悯者继续抱着自己的幻想，寻找下一个可以依赖的人。而援助者本一番好意，结果却讨得一身嫌，因此深感无力且备受伤害，被徒劳感（这些日子到底算什么呢）、失落感（我没能帮到他，所以不被需要了），以及无力感（在此基础上我该怎么做才好）所折磨。

照顾与治疗的区别

其实在心理咨询的过程中也经常会出现上述情况。心理咨询师与来访者一开始或许建立起了看起来不错的关系，但随着治疗的深入，一旦心理咨询师指出来访者的问题以及需要改善的地方，双方的关系通常就会变得不再稳定。来访者会觉得自己的心理咨询师变严厉了，或感觉咨询师说的话伤害到自己了，于是不再来就诊。他们会说"遵从医嘱后自己也没有任何改善""咨询师的要求我根本做不到"，并因此情绪越发低落，甚至丧失改变现状的动力。

自我怜悯和酒精或药物依赖一样，需要先与人建立连接后慢慢戒掉。这里的连接指的是一种平等的人际关系。如果不能意识到"自我怜悯"才是造成不平等关系的根源所在，他们就不可能从自我否定的"牢狱"中脱身。

有些时候，对自我怜悯者来说，身边人的"照顾"是他们从中脱身的阻碍。周围人总是给予同情，或心理咨询师长期给出不痛不痒的建议，这样做只会让他们继续沉浸在自我怜悯之中，甚至变本加厉，更别说建立平等的人际关系了。因为抱着"照顾"的心理，人们很难在交流的过程中提出中肯的建议，例如，你应该放弃受害者思维，相信自己拥有改变的可能，承认自己存在的问题，做好准备去面对一切。

针对这个问题，我想简单说一下"照顾"与"治疗"的不同。

2019 年，医学书院出版了临床心理学者东畑开人先生的名著《待在那里很痛苦》（《居るのはつらいよ》），其中是这样定义"照顾"与"治疗"的：

照顾是不伤害，满足对方的需求，提供支持，接受对方的依赖。通过这种做法来确保对方的安全，保证其生存的可能，帮助其找回平衡，支撑其日常的生活。

治疗则是帮助对方面对伤痛，为了改变对方的需求而介入其中，旨在让其自立。如此，对方才能在日常生活之外面对自己内心的矛盾，获得成长。

"照顾"主张的是接受对方，给予对方安心和治愈。在游戏里就相当于给对方回血（HP）的白魔法。而"治疗"则是为了使对方自立而指出其问题所在，促使其成长。这个过程以直面内心的矛盾为前提，过程中自然无法避免痛苦。相对于治愈的白魔法，伴随着痛苦为自己而战的"治疗"则更像是黑魔法。要想在游戏冒险中存活下来，黑、白魔法都必不可少。对那些陷入自我怜悯困境中的人来说，理解并平衡照顾与治疗无比重要，但这两个要素哪个占比更大，则是分时段且因人而异的。对多数人来讲，首先要得到照顾，使内心"回血"，在得到一定程度上的治愈后，他们才能更容易接受那些伴随着痛苦的治疗，使恢复过程更加顺利。

但处于自我怜悯状态中的人实际上并不需要治疗，或者说还接受不了治疗。假如用治疗的方式去对其进行干预，最终只会以"你是个坏人""我就这样挺好的"作结，并不能帮助其在现实世界里做出改变。这个问题似乎变成了无解的。

解决的根本就在于自我怜悯者自己的选择。所有人都会有只有自己才能背负的人生课题。不管曾经遭受了多么深刻的创伤，承受了多么大的悲痛，该背负的人生课题永远不会消失，更不可能通过请他人代劳或者逃避摆脱它。

当你感到自己的"血量"不够（心灵的 HP 值较低）或者觉悟不够时，你可以选择避开痛苦的"治疗"。不过若你真心想要改变，你就必须做好面对"治疗"的心理准备。请务必记住这一点。

主动出击，拒绝自我怀疑

自我怜悯说到底是自我认知的问题。

"说不定我正被囚禁在自我怜悯的牢笼中。"

"我想当然地觉得自己无法改变，这是一种自我认知的偏差。"

摆脱自我怜悯的第一步就是像这样，最大限度地发挥元认知的能力，然后鼓起勇气，承认自己有应该背负的人生课题，从"弱者的宝座"上走下来，建立公平对等的人际关系。

不妨再扪心自问一下，自己是否真的有改变的意愿。如果感觉状态不好，你可以选择不去做自己不想做或会感到痛苦的事情，这时身边的人也会给予你关心与照顾。但若状态变好了，请小心不要陷入"继发性获益"的思维陷阱中，试图以症状来摆布、操纵或影响他人而获得实际利益。有些人可能会因为担心他人不再照顾自己，而选择一直保持不佳的状态，无意识地在"想要痊愈"与"不要治好"之间摇摆不定。或许对某些人来说，"生活注定是不幸的"大抵已经成了他们活下去的人生信条了吧。如果你也有这样的想法，那么我希望你能再思考一下，你是否想继续这样不幸的人生？过去的已然过去，无须再想，这个问题也不是在讨论你能不能做到，而是希望你现在能把目光聚焦在之后的打算上。

若你想和此前的人生告别，那么第二步便是下定决心，舍弃掉你那独特的"悲剧人设"，和他人构筑平等的关系，与让你直面自身问题的人保持联系。当然，你不可能一下子脱胎换骨，所以只需在"可以改变的事情"与"就算不改变也可以接受的事情"之间掌握好平衡。人并非一成不变，我们无法像划分黑与白那样清晰地界定一切，所以很多事情倒也不必分得太清。由此说来，哪有什么"绝不可能改变"的事情呢。

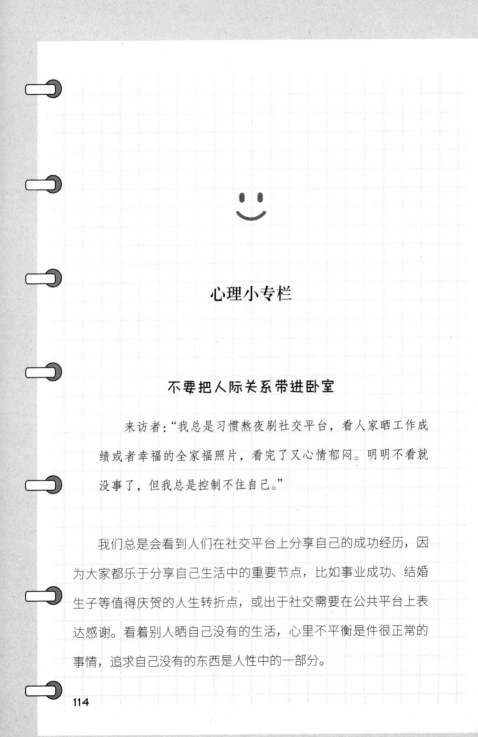

心理小专栏

不要把人际关系带进卧室

来访者："我总是习惯熬夜刷社交平台，看人家晒工作成绩或者幸福的全家福照片，看完了又心情郁闷。明明不看就没事了，但我总是控制不住自己。"

我们总是会看到人们在社交平台上分享自己的成功经历，因为大家都乐于分享自己生活中的重要节点，比如事业成功、结婚生子等值得庆贺的人生转折点，或出于社交需要在公共平台上表达感谢。看着别人晒自己没有的生活，心里不平衡是件很正常的事情，追求自己没有的东西是人性中的一部分。

对此，我能给出的建议就是——完全不看肯定不现实，但至少睡前不要看了。首先，手机的蓝光辐射会使你的大脑变得清醒，干扰你的睡眠质量。而你的心情则会因为所看到的内容起伏不定，时忧时喜，常常一看就是好几个小时而不自知。如此一来，睡眠时间就变少了，而这会影响你白天的生活，由此负面情绪甚至呈螺旋式增长。

睡眠医学界的泰斗级人物三岛和夫先生曾说过一句名言："不要把人际关系带进卧室。"而社交平台就会让我们看到"人际关系"，所以睡前还是不要看比较好。在睡前的两小时里让大脑逐渐放松，把房间的光线调暗——只有让大脑慢慢进入"关机模式"，你才能获得优质的睡眠，进而不让自己陷入消极思维中。

对那些无论如何也管不住自己的人，我推荐以下两种方法：

① 一开始就不要把手机带进卧室。

② 删除手机里的社交软件，平时从浏览器登录，但不要设置成自动登录。

近代建筑大师弗兰克·劳埃德·赖特曾说过："电视就是眼睛的口香糖。"社交软件不也是如此——就算没了味道，你也会不停地咀嚼。在你打算用社交软件消磨时光之前，不妨试试上述两种方法，这样可以大幅减少"嚼口香糖"的时间，使自己活得轻松一点儿。

对逆境中的自己施展的应对咒语

来访者："请教教我，怎样才能在遭受打击的时候保持镇定？"

其实我也是一个很容易慌神的人，也在极力避免被情绪左右的情况发生，努力减少不合时宜的冲动。冲动是魔鬼，被其牵着鼻子走，常常会落个疲惫不堪的下场。之前有一段时间，我集中学习了一下愤怒管理的技能，发现其中有一个技能我曾经使用过，那就是在你的大脑里养个小黄人，当感到焦头烂额，不知如何处理时，它就会自动蹦出来，对你说"冷静，现在还不到慌不择路的时候"。换成愤怒管理的术语，这就叫作应对咒语。

还有一个我很喜欢的应对方法，应该是作家水野敬也先生提出的——当发生了难以置信的严重事态时，自己可以在心里念叨"这样反而才有趣呢"。这是一个化危机为转机，从绝望中看到希望的"魔法咒语"。无论遇到怎样的绝境，你都可以浅笑着念叨这句话，调整好心情再出发。根据我的经验，这个方法真的屡试不爽，"笑对绝境"是不让事情恶化的非常重要的一点。

哲学家阿兰（原名埃米尔-奥古斯特·沙尔捷）曾说过："悲观主义者是一种心情，乐观主义者是一种意志。"大脑被情绪控制，依靠条件反射采取行动是最不可取的。其实，语言对于人的影响超乎我们的想象。通过把积极的话语说出口，我们可以以此避免自己的心灵遭受严重创伤。

预设一个"咒语"，在面对创伤时启动"逆转魔法"，这种做法颇有 RPG 游戏的风范，所以我还挺喜欢的。如果你也有心仪的"咒语"，不如也预设一下试试吧。

第 **4** 章

今天也要开心之秘诀篇

在这一章，我们终于迈入新的阶段，开始改变自己的生活方式。我会介绍几条攻略提示，希望帮助到那些总觉得"活着太难了"的人。

在 RPG 游戏中，玩家在出征前会组队，换好强力的武器、准备足够的药品，以武装自己。在通关的道路上，玩家需要不断收集打开新世界大门的钥匙或地图等关键道具。接下来，我将以游戏的形式，介绍以下三部分内容：

攻略提示一：我们需要什么样的队友

攻略提示二："关键道具"都有哪些

攻略提示三："处方"与"领悟之书"

首先是集结队友。什么样的人能帮助我们从痛苦中恢复过来？

我们又该如何找到他们？其次，我会给大家提供六种冒险旅途中必备的"关键道具"（行之有效的概念及思维方式），帮助大家改善人际关系，应对压力，以及控制情绪。最后，作为饯别礼物，我会推荐一些参考书籍，类似于游戏里的恢复药剂，希望大家能从中获益。

寻找靠谱的队友

游戏中刚开始冒险时，主人公等级低，技能弱，力量值低，血量也少，妥妥的菜鸟，弱不禁风，危机重重。为了更顺利地闯关，必须结交会用恢复型魔法（白魔法）的队友。现实中也是如此，要想改变现状，你需要选择会使用白魔法的"白魔法师"作为同伴。什么样的同伴才能被称为"白魔法师"？这个人会是你的坚强后盾，无论什么时候，他都和你站在一起，让你感到安心。他能接纳你与别人不一样的一面。

那么，如何找到自己的"白魔法师"？第一，尽量在没有直接利害关系的人群中寻找能让自己安心依赖的人。因为如果存在利害关系，示弱可能会招致利益的损害，而这道心理防线会使你们很难坦诚相待。第二，坦诚相待是伴随着风险的，若还没有信心应对风险，先试试有偿的资源，例如心理咨询、小酒馆、占卜等。要想把自己的痛楚清晰地说给他人听，是需要技巧的，通过花钱请人倾听，为自己提供练习的机会，让痛苦能以语言的形式向外输出。同时，从事相关工作的人，本就是把倾听作为营生的，他们有着专业的知识与丰富的经验，在咨询的过程中，伤害到我们的可能性比较小。与这些专业人士交谈，就像是在缓冲垫上做后空翻练习，内心比较踏实，因为我们知道自己是安全的。我们可以在慢慢适应倾诉的同时，一点儿一点儿地尝试向身边的人或自己的目标信赖者倾诉。

若我们内心始终保持戒备，那么无论做多少尝试，都很难真正敞开心扉，进而对人际关系心生绝望。反过来，一旦有过成功的经验，体验过信赖别人以及被人信赖的喜悦，哪怕就一次，生活也会变得明朗起来。

精神科医生松本俊彦先生曾说："在十个成年人中，值得信任的最多只有三个。当你发出求救信号时，若第一个人没有回应你，那就接着试，一直试到第八个。"不要放弃希望，说不定下一个就是你的"白魔法师"。而当我们在内心建立起"安全基地"，就会变得勇于挑战，也会拥有改变与成长所必备的强大内心。

第二个队友能让我们意识到"看不见的敌人"，让我们认清自己的人生课题——"黑魔法师"。所谓当局者迷，究竟怎么做更好，有时靠自己的力量很难做出判断。因此，我们不仅需要可以接纳真实的自己的"白魔法师"，也需要可以为自己指明方向的"黑魔法师"。在探讨自我认知的名著《深度洞察力》（*Insight*）一书中，作者将"黑魔法师"称为"用心的批评者"——不是我们的信徒，不会只是对我们点头称是，也不会矫枉过正。他们是洞悉人性的智者，真心为我们考虑，即便冒着交际风险也直言不讳。能够获得直接且真诚的反馈、建议，是成长过程中格外重要的一环。尽管知道自己的建议会让对方不悦或深受打击，也有可能令对方直接拉黑自己，但他们依然坚定地告诉对方实情，并且巧妙地表达出来，这样的人实在难能可贵。在这个虚浮的时代，比起一味肯定自己的人，或许"黑魔法师"是更珍贵的存在。

诚于自己，忠于内心

我们总是害怕改变，在面对反馈、建议时，会产生抵触心理。然而只有明白改变是这个世界唯一的不变，从他人的反馈和建议中有所领悟，尝试改变，才能获得新的活力。但同时，我们也要清醒地认识到自己无法改变的部分，正视自己的弱点，接受不完美的自己。接受建议和承认不足，都需要勇气。越是完美主义者，越是不达目的不罢休的人，往往越难直面自己的不足。

曾经有一名来访者 M 令我印象深刻。他有适应性障碍，发病时就得请假休息。问诊时，M 的脸上写满了不情愿。他是经由朋友介绍找到我的，到了以后又觉得没必要特意跑一趟。我和他聊了一会儿，很快就发现他有着完美主义倾向。我告诉他："你时不时感到痛苦，很大程度上是由这种二分法思维引起的。"M 沉默了一会儿。我让他回去后捋一捋过往那些令他特别难受的瞬间，是否和抵触他人建议、否定"自己做不到"有关。

M 第二次来访时，说："虽然不想承认，但也许你是对的。不管什么事，我都力求做到最好，也相信自己能做到最好。当有人提出不同看法时，我会感到不自在，会想要证明自己是对的。"他开始承认令自己痛苦的症结所在，尽管未触及核心，但这是一个很好的开始。

之后 M 每次来访，说是咨询，不如说是聊天、探讨。当我的分析与他的情况不甚相符时，他也会直接反驳。"那只是你的想法，别以为自己很了解另一个人。"他并不是每次都认同我的观点，有那么一两次，他因为情绪激动而提前结束咨询。

某日，M 哭着说出了真心话："我一直都在逞强，想着要做出成绩，但其实我很讨厌这样的自己，老是在意别人眼光。我太懦弱了。如果现在不做出改变，去其他公司，我还是会重蹈覆辙。这是我最害怕的。"

所谓忠言逆耳，面对他人的指正，并非所有的人都能立刻坦率地接受。很多人会觉得自己遭到了责备，甚至感觉自己的人格遭到了否定，于是用带刺的语言予以反击，"只有我是最了解自己的""我的事用不着别人管"。有的人冷静下来后会试着理解对方的话，他们只是需要一点儿时间去接受建议。有的人当时气愤不已，但在过了几个月甚至几年回头看时，深深觉得自己确实有错。还有的人一直在辩解、反驳，拒绝一切逆耳忠言。M 没有选择逃避，尽管有时会出现不愉快，但他每次都能认真地审视自己，尝试接受自己真实的样子，无论是优点还是缺点。

诚于自己，是改变的第一步。接受自己的不完美，从客观的角度理解自己还有很多不足，承认自己"不过如此"。在此基础上，才能更坦然地接受来自外界的评价、指正，并内化为自己的力量。

开心技能之一　分人主义

从这一节开始，我将介绍六种让我们每天都能过得更轻松、更开心的关键道具。

第一个是分人主义。

2012 年，讲谈社出版了平野启一郎的《何为"我"——从"个人"到"分人"》（《私とは何か——"個人"から"分人"へ》）一书，提出了"分人主义"观点。他指出**人的基本单位不是"个人"，而是"分人"，个人是分人的集合。**

"个人"的英语是"individual"，意为"无法再进行分割"。平野提出了"分人"的概念，即"dividual"，他认为，"个人"可以继续分割为不同的部分，且每个部分都是真实的自己。简单地说，每个人体内都有多张面孔，即多个分人。

一个人在面对父母、上司、客户、同事、好友等不同的对象时，或在工作、集体聚会、私人派对等不同场合中，所表现出来的性格特征、态度与行为举止、聊天内容等，不会完全一样，甚至完全不一样。一个在职场上严谨苛刻的人，或许在家里是个性格活泼的大孩子。在成长的过程中，绝大部分人都会产生疑问：究竟哪一个才是真实的自己？莫非所有的样子都是戴着假面扮演出来的？但分人主义告诉我们，无须纠结，"面对父母时的分人""面对上司时的分人""工作中的分人""聚会中的分人"，等等，都是自己的分人。完整的"个人"便是由不同的分人组合而成的。换句话说，人是复杂的多面体，我们在不同场合自然而然展现出来的分人，都是真实的自己的一部分。因此，所谓的"真正的自己""虚假的自己"都是伪概念。

需要注意的是，分人与人格并不是一回事。多重人格属于精神疾病，而多分人不仅不是疾病，更是人所共具的属性。此外，人格或许存在"主人格"，但分人不存在"主分人"，分人与分人之间只有比重的差别，并无主次之分。所谓的个性，指的就是分人的构成比重。我们在各种情境中所体现的个性，是由占比最大的那个分人塑造出来的。

平野在书中写道："**如果你不喜欢学校里的那个自己，但可以**

接受放学后的自己，那就把放学后的自己作为个性的基础。把在学校时的自己（分人）和放学后的自己（分人）区分开来，即便只是做到这一点，你的心理压力都能减轻很多。"

讨厌自己的人往往都存在一个自己厌弃至极的分人，且这个分人在现阶段对自己影响巨大。很多感到生无可恋的人，并非整个自己都一无是处，或许只是遭到了其中一个分人的折磨。

分人主义给我们提供了一个新的视角，使我们能够从"自己"这个主体抽离出来，以第三者的角度审视自己。和某个人在一起时，若我们产生了一种厌恶自己的情绪，觉得自己不好、不值得被爱，那就与那个人保持距离。选择和那个能让我们喜欢自己的人在一起。即便尚未到喜欢自己的程度，但至少状态相对不错，那么也可以花更多的时间与此人相处。这种有意识地调整分人比重的方式，能够颠覆"本性难移"的旧观念。

在《JOJO的奇妙冒险》第四部中有一个桥段，主人公东方仗助和自己敬仰的空条承太郎在一起时，总会产生自豪感，也就是说"面对空条承太郎时的分人"是他的救赎。当我们身边有一个人，待人真诚又有边界感，那么将很大程度提升我们的自尊心。提高这个自尊心分人的比重，是对抗自我厌恶的有效手段。因此，选择和谁待在一起的时间更多，这个问题意义重大。

今天也要开心啊

如何在不确定中停止不安和焦虑

开心技能之二　寻找小确幸

拒绝成为多巴胺的奴隶

什么样的状态能令我们感到幸福？达成了数年来的目标？经历了一段戏剧性的恋爱？你还记得自己感到最幸福的时刻吗？如果你有鲜明的记忆，那说明你当时正处于掌控快乐的激素——多巴胺的强烈作用之下。我们的体内有很多可以给人带来幸福感的激素，最具代表性的是多巴胺、血清素和催产素。

多巴胺

多巴胺是一种可以给人带来成就感、愉悦感、舒畅感或感动的激素，人称"快乐激素"，也被称为"奖赏激素"，在强烈刺激人的快感和干劲的神经回路中起主导作用。

血清素

血清素可以调控自律神经的平衡，消除不安感，稳定情绪，被称为"安心激素"。在面对环境的突变、气压变化、人际关系压力时，若是血清素枯竭，人会出现烦躁、抑郁、偏头痛等症状。到了夜间，血清素会转化为褪黑素，促使人产生睡意，所以血清素与人的睡眠质量有莫大的关联。

催产素

催产素与血清素一样，可以给人安心感，使我们对他人产生信赖感，有助于缓解压力。这种激素通常会在进行拥抱等可以感受到他者体温的肢体接触时分泌，所以又被称为"羁绊激素"或"拥抱激素"。

大家应该都知道"成瘾"这个概念。所谓成瘾，指的是以一种病态的方式不断寻求刺激，并产生依赖。常见的成瘾有酒瘾、烟瘾、毒瘾等。除了物质上的成瘾，还有赌博成瘾、游戏成瘾、购物成瘾等，这些对某种特定行为模式所带来的刺激上瘾的现象，叫作行为成瘾。过量饮食后催吐、自残、性行为异常，甚至偷盗、猥亵等犯罪行为，也属于行为成瘾。这是由被称为"脑内奖赏系统"的神经回路引起的，其中占据中心地位的激素就是多巴胺。

例如在玩扭蛋机时，多巴胺会给予大脑一些"报酬"（刺激），从而使大脑对于这种无法由自己控制结果的游戏保持热情。很多人通过重复某种行为获得刺激，比如工作狂，又比如那些沉迷于飞蛾扑火般危险的恋爱关系的人。当我们对一件事已经痴迷到不做就会心慌的程度，就说明多巴胺对我们产生了不容忽视的影响。

多巴胺的刺激可以给人带来瞬间的巨大愉悦感，使人沉迷其中，一旦对多巴胺的刺激产生了依赖，其他的刺激就会变得不那么具有吸引力。有人在戒烟后觉得饭菜更香了，这是因为尼古丁的强烈刺激掩盖了美食带来的刺激，而戒烟后，个体重新体验到了对于美食的渴望。

多巴胺带来的快乐只是暂时的，且快乐越多，之后的空虚感、失落感也越强烈。很多人因无法忍受这种痛楚，于是寻求更多、更大的刺激，沦为多巴胺的奴隶。

日常生活中的小确幸

若不想成为多巴胺的奴隶，就有必要好好经营自己的日常生活。日语中有这样一个词——"ハレとケ"（英文写作"hare-toke"），其中"ハレ"指的是非日常的特殊场合，比如祭典仪式等隆重的日子，"ケ"指的是日常生活。朋友石井洋介曾说："把日常生活过得丰富多彩，其实也需要创造力，且意义重大。"

把做饭、打扫这些日常的琐碎小事当作乐趣，并认真地研究如何更好地经营生活，充分体味安稳的幸福——石井这种生活态度深刻地影响了我。

在事业起步之初，我曾一心扑在事业上，尽管取得了一些成绩，积累了珍贵且难忘的经验，但同时感到十分疲惫，内心像被堵住一样。作为一个为他人提供咨询与建议的心理咨询师，我停下脚步，开始审视自己，这才意识到自己成了多巴胺的奴隶。就是这个时候，石井的生活方式给了我莫大的启发。我认真挑选了厨具、家电，试着和家人一起做饭，让荒废的个人生活重新焕发出活力。我不再让自己时刻处于打了鸡血的状态，而是寻求更稳定且日常的刺激，即从每天都在接触与发生的小事中寻找令自己感到幸福的点，重新构建生活与工作之间的平衡。

什么才是幸福？达到什么样的终极状态，才能称之为终极幸福？这个问题太过宏大。组织文化学派的先驱者、组织心理学家埃德加·沙因（Edgar Schein）说："理解幸福需要穷尽一生，我们要不停地回顾往事并自省。"若是把这种需要用一生去追寻的东西称之为宏观意义上的幸福，那么与之相对的，在我们日常生活中，还有一种微观的幸福。

不知大家是否听过"小确幸"这个词。作家村上春树在随笔集《旋涡猫的找法》中反复提及的这个词。微小而又确定的幸福，简称"小确幸"。比如，路边的小花开得很美、泡澡泡得很舒服、比以往更完美地把布丁倒扣在盘子上、淋上酱汁的牛肉可乐饼盖饭格外可口……用心收集这种细微又具体的日常小事，能使人变得积极阳光。因此，**当发现能让自己惊喜、快乐的生活小事时，放下其他的事，专注于这件小事本身，感受当时的心情与状态，强化那种美好的感觉**。这种微观的幸福贯穿我们一生，而捕捉和感受小确幸，将使我们爱上每一天。思忖宏观意义上的幸福是个哲学难题，至今仍没有具体的结论；但抓拍微观的幸福，我们每个人都能做到。

今天也要开心啊

如何在不确定中停止不安和焦虑

开心技能之三　掌控生物钟

人的压力反应与自律神经系统密切相关。

▼自律神经的作用：根据环境变化，无意识地（自律性地）调控体温、脉搏、血压、内脏的工作。

交感神经（战斗模式）的作用：消耗能量，提高血压或体温，为了使身体更易于活动而保持紧张状态。主要在白天活跃。

副交感神经（休息模式）的作用：使人紧张的身心得到放松，以便更好地养精蓄锐，储存能量。主要在夜间运行。

今天也要开心啊
如何在不确定中停止不安和焦虑

　　自律神经有交感神经和副交感神经两种模式，会根据环境变化自动切换，若是切换自如，人就能维持良好的身心健康，而诀窍就在于尽量规律地生活。

　　动物处于压力状态时，比如遭遇天敌袭击，它们的交感神经就会活跃起来，使大脑处于警惕状态，根据实际情况立刻做出反应，是战斗还是逃跑。交感神经一活跃，身体的代谢就会加快，由此消耗更多的能量。为了便于理解，我们可以想象一下猫咪炸毛时的样子，那时的它们就处于戒备状态。在生死关头，交感神经会使我们的行动先于思考，毕竟保命要紧。

　　此外，现代人的压力逐渐增加。讨厌的上司、满员的电车，此类看似温和的压力并不会一下子把我们逼入生死困境，却是一种长期的消磨。大脑一直在拉响警报，高喊着危险，交感神经持续处于过度活跃的"狂战士"[1]状态，自律神经无法在战斗模式与休息模式之间顺滑地切换，整个人一直处在戒备状态中，无法得到放松。这就导致即便周围是安全的，我们也不敢松懈。交感神经的持续活跃不断消耗着我们的精力。即便到了夜间，很多人也会因副交感神经（休息模式）宕机而久久无法入睡，或者半夜惊

---

[1] Berserker，北欧维京人传说中的一种战士，身披熊皮，在战斗中极度兴奋忘我。

醒，疲劳感逐日累积。

因此，我们要让交感神经和副交感神经各司其职，到点正常"上下班"。实现这一点的核心角色，便是人体生物钟。

每个人的身体里都藏着一个无形的生物钟，早晨会自然醒，饭点会肚子饿，晚上会犯困，如此循环往复。基因中的生物钟是客观存在的，并不是某种主观感觉。这些基因分布于大脑、皮肤、血管和脏器等部位，几乎遍布全身。生物钟基因以二十四小时为一个周期，将生物钟蛋白进行分解、合成，规律地传递着信号。

生物钟通过在恰当的时间释放出相应的激素，实现人体供能效率的最大化。生长激素、褪黑素、皮质醇等激素配合着人体生物钟规律地分泌，以维持人体的各项机能。早晨，在我们清醒之前，皮质醇活跃起来，提升血糖和血压等，若是它罢工了，我们就会感到起床格外艰难。有时，我们会在日光的沐浴下逐渐醒来，那是因为日光可以使促进睡眠的褪黑素停止分泌。而当我们睡着时，生长激素会开始修复细胞，使我们的骨骼和肌肉更加结实，提高免疫力。

600 万年前，人类就开始日出而作、日落而息，进行狩猎、采集等活动。而约 150 年前，爱迪生发明了电灯，从此人类克服了黑暗，在没有阳光的夜晚也能够从事生产活动。于是，人类理所当然地开始违背人体生物钟发出的休息指令。但经几百万年养成的作息规律，并不会在短时间内就被改变。这时，身体就会开始出现一些不适应的症状。据说，夜间劳动者更容易患上抑郁症或局部出现癌细胞。

支配生物钟的关键在于光。视网膜上的黑视蛋白受到强光照射后，会向交感神经传递光照信号。这一信号不仅可以调节生物钟与自律神经，还可以刺激位于脑干的中缝核这一有调节情绪作用的区域，促使其合成能带来安心感与幸福感的血清素。实际上，光照与抑郁症也密切相关。在日照较少的冬季，即便是健康的人群，也会容易因为脑内血清素的分泌量减少而产生抑郁的情绪，我们称之为"冬季抑郁症"。

目前有一种光照疗法，即通过使用高强度的光照工具，让自己在晨间沐浴在 5000~10000 勒克斯的光照下，激活黑视蛋白，以治疗昼夜颠倒或冬季抑郁症引起的症状。光照疗法对非季节性的抑郁症也效果显著。很多购物网站上都能买到光照疗法的工具。当然，即便不使用工具，我们也能对生物钟进行调整——早晨起来让眼睛沐浴阳光 15 秒左右。黑视蛋白细胞在眼眸深处，且只有一小部分，若不直视阳光，光线就无法有效地进入眼底。因此一直要持续直视，中途看向地面或墙壁，效果也会大打折扣。

我们身边的光照强度大约如下：

太阳光：晴天约 10 万勒克斯，阴天少些，也有数万勒克斯。

人造光：一般的办公照明为 1000 勒克斯；一般住宅照明为 500 勒克斯；间接照明为 1000 勒克斯。

可见，太阳光带给人类的能量是人造光无法比拟的。若是条件不允许，无法直接看到阳光，也可向较明亮的地方眺望。犯困的时候，看看太阳光也能提神醒脑。借助光的力量，让生活更美好。

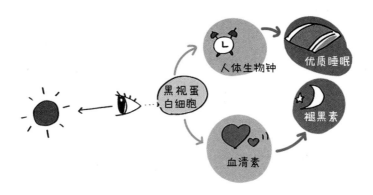

开心技能之四　从负面评价中抽身

辨别善意的真伪

那些备感"生无可恋"的人，心理防御能力相对较弱，有时会因为他人一个无关痛痒的否定而遭受严重打击。有时别人一句看起来风轻云淡、无关痛痒的话，却会令我们产生强烈的不适感，甚至感觉自己遭受了重创。我相信很多人都有类似的经历。这是因为，每个人的内心都有各自的"安全距离"，一旦越界，就会进入防御状态。所以，**我们要搞清楚自己的界限在哪里，而后才能正确应对来自外界的负面评价。**

无论对方出于什么样的目的，只要是否定性的言行，都会给人极大的冲击力。有人会感到愤怒或悲伤。首先，要正视自己情绪上的波动，明白这些反应是正常现象。诚如我在前面说过，要把情绪和行动分隔开来。接着，决定是否要对对方的否定性言行做出反应，而判断的基准就在于是否想与对方建立良好的关系。如果对方是我们的好友或珍视的伴侣，其出发点是为我们好，我们可以试着接受"黑魔法师"的逆耳忠言。但若是我们不想听，当然也可以拒绝，即便是家人、上司的话。至于网络上那些匿名攻击，更是可以选择无视，反正我们也没想过和这些匿名的键盘侠建立友好关系。就算对方自称是善意的，但若是冒犯到了我们，我们也没有义务接受这所谓的"好心"。我始终认为，真正的善意是能令双方都舒服的，而很多"善意"，其实是出于自私的目的，为了自我满足，却伤害了对方。**我们要学会辨别真正的善意，以及拒绝有毒的善意。**

负面评价的五种类型

①指正

结合具体情况或特定的行为提出的改善建议。例如:

- 你看这个企划案是不是还可以再推敲推敲?
- 希望你可以认真听一下。

应对方法: 对方是"用心的批评者",并且我们能从其言辞中感受到真诚,不妨先虚心接受,如果赞同对方的建议,就积极地去面对,扬长避短。

②控制

并非针对具体的情况或特定的行为,而是希望改变我们这个人本身。例如:

- 都进社会了,能不能成熟点儿?
- 这么软弱怎么行?

通常关系亲密的人，例如家人、好友之间，经常会说这些话。绝大部分时候，说这种话是出于好心，但为什么我们总是很反感呢？因为这些话中潜藏着"你应该按我的想法行事"的逻辑，以及"你若是不这么做准会吃大亏"的威胁性暗示。尽管有时对方的话不无道理，但说话者这种把自己置于我们之上的姿态，以及"指点"我们按照其意思去做出改变的心态，越过了我们的心理安全防线，从而引起我们的不适。

应 对 方 法：划清心理界限。感到对方有越线行为时，在心理上稍稍与之保持距离，站在一个相对安全的心理防线范围内，去审视对方的意见到底值不值得采纳，有则改之，无则加勉。

③指责

基本上没有有效的意见或建议，只是为了表达自己的不满、愤怒、不安，或充斥着讨伐对方的被害者意识。例如：

- 你想什么呢，有病？
- 都是因为你，害我搞成这样！

指责性的言论中几乎没有好的建议，话语不留余地，通常都是不经大脑放出的狠话。有时，指责只是借机发泄一直积累的不满。比如菜做咸了，正常提要求的话，可能会说："可以做得更清淡一点儿。"但有的人却会责骂道："明知道我高血压，还做这么重口味，是想我早点儿死吧！"面对如此激烈的言辞，当事人会觉得备受打击。这种时候，很多人都会采取防御机制，并进行反击，而不是去听说话者的真正诉求。

应对方法：冷静应对，先保持沉默或离开现场，切勿立即反驳。想想自己是否在意说话者，若在意，就试着分析话语背后的真正意图，或等对方情绪平复后询问其真实诉求。若这个人于我们而言无足轻重，或者我们暂时没有余力去想这些问题，可以先笃定地关闭心灵的窗户，迅速做出"现在不宜交谈"的判断，然后像水鸟般优雅、平静地转身离去。若是明显地感觉到来自对方满满的恶意，那就态度坚决地反击吧，或者直接断绝关系。

④防御

并非为了输出信息，只是为了坚持自己的立场或主张而出现条件反射式的言行。例如：

- 你没有说清楚，所以我这边订货才出了问题。

- 你这么说，谁都听不下去。

应对方法：我们可能会因为对方的话而产生莫名的罪恶感，或者火冒三丈。与对方正面交锋，并无益处，不如先分析一下对方属于哪种类型：（1）只会为自己辩解，借此逃避责任的类型；（2）能够直面问题的类型。若是后者，我们可以在对方冷静下来后与之进行深入探讨。若是前者，不要多费口舌，做自己的事就好。

⑤挖苦、毒舌

挖苦或恶言相向，从根本上就不是盼着我们更好。例如：

- 你的脑子是用来做装饰的吗？

- 跟你说再多遍也是对牛弹琴！

有的人习惯把别人的事当作段子来嘲笑，或用辛辣的言辞挖苦他人，以此彰显自己的特别和毒舌。这种人把自己的快乐建立在他人的痛苦之上，还觉得自己非常幽默。

应对方法：对方的言语中既无所求，也没有提出建议，所以无须采取任何实际行动。和应对网络恶评一样，无视即可。

几乎每一个人都曾被恶毒的话语或讽刺中伤过。那些为了表现自己的搞笑天赋却不顾他人感受的人，缺乏同理心，甚至缺爱，他们渴望通过这种不善良的方式获得外界的认可。语言暴力也是暴力。在这些人对我们的身心、生活造成影响之前，远离他们，无视他们。若感受到自己受到了严重的伤害，除了自我调节、求助专业人士，在适当的时候，还要用法律武器保护自己。

开心技能之五 增加"应对卡"储备

增加让自己平静与安心的"应对卡"

当感到痛苦、疲惫、烦躁、不安时，我们会为了自救而采取行动，这一行为方式在心理学上叫作"应对"（coping）。我们会通过喝茶、击打墙壁、听音乐等行为来调节情绪，这就是应对方式（coping style）。

若要减少焦虑与不安，我们就需要学会巧妙地应对现实生活中各种不同程度的压力。在《勇者斗恶龙》中有一个名为"天使之铃"的道具，它可以帮助玩家在心慌意乱时冷静下来。主角在一路升级打怪的过程中，学习的技能、咒语越来越多，应对危险时也越来越灵活。生活中，我们也需要积累不同的"应对卡"，用于处理焦虑和不安。

应对的要点：

- 效果（短期效果和长期效果）
- 成本（时间成本、经济成本、对健康的影响、对人际关系的影响）

有些应对行为本是出于自救的目的，却反而成为长期的自我伤害，例如过度饮酒、吸烟、沉迷赌博等，都属于这一范畴，更严重的还有割腕等自残行为。

顺便多说两句。据调查，日本青少年中有 10% 的人会通过自残来缓解重压。研究表明，人在自残后，神经会麻痹，使当事人就像打了麻醉剂一样感觉痛苦似乎减轻了。很多人认为当事人这么做只是为了标榜自己的特别。这里或许有一些误解。典型的自残行为一般都是在独处时偷偷进行的，伤痕也通常出现在不易被察觉的手腕或者大腿等地方。自残确定是一种压力转移方式，但也是一种不良方式。尤其是当自残变成一种习惯，不但不能起到纾解精神压力的作用，反而会造成更深的伤害。随着身体对痛苦的耐受度不断提高，当事人或许会一时失手酿成大祸。自残、对人或物施暴、过量饮酒、无保护措施的性行为、飙车、冲动消费等看似能暂时缓解压力的行为，一旦成瘾，都会对自己和他人造成更大的伤害。无论是从效果来说，还是从成本来说，都是应当警惕和摒弃的应对方式。

下面介绍一些积极健康的应对策略。

首先是锻炼。锻炼会消耗大量体力，算是成本比较高的应对策略，但不但有利于提升身体素质，还能有效治疗抑郁症。锻炼使人体分泌出可以镇痛的内啡肽，心情会因此变好。

哭泣也不失为一种有效的应对手段。哭泣的过程中，大脑会释放压力激素，有助于心情好转。

我在前文提到过反刍思维。当我们被不安、焦虑、压抑等负面情绪所吞噬时，容易沉浸在过去的痛苦或对未来的担忧之中，心思往往不在当下。在这里向大家介绍一种"五感应对疗法"，即通过五官的切实感受，将自己拉回到现实世界。例如通过焚香（刺激嗅觉）、喝深烘焙的咖啡（刺激味觉）、用冷水洗脸洗脚（刺激触感）等方式，都能很好地将我们从负面情绪的泥淖中唤回现实。

此外，还有很多成本较低、效果却很好的应对策略：

- 骑上心爱的小摩托。感受风的流动。

- 赤脚在海边漫步。体会海水及沙子的触感。

- 去附近的寺庙、神社。试试深呼吸或冥想。

- 做一个新发型。

- 扔掉不需要的衣服。

- 放一首欢快的歌。在房间里跳舞。

- 在本子上记下别人对自己的夸赞。心情低落时就拿出来看看。

当我们在精神上遭巨大的冲击，忍不住要伤害自己时，尝试用下面这些方式代替自残 [选自星河书店 2011 年出版的《辩证行为疗法实践训练手册》（《弁証法的行動療法実践トレーニングブック》）一书]：

- 用力握紧冰块，直到手掌心感到疼痛。

- 将橡皮圈套在手腕上反复弹。

- 用尽全力将海绵球或包成一团的袜子砸向墙壁。

- 把脸埋进枕头里，撕心裂肺地大声喊叫。

- 用红色马克笔或指甲油在打算划伤的地方画一道伤痕，之后再用黑色马克笔画上缝合线。

- 给憎恨的人或伤害自己的人写一封仇恨信，但是不要寄出；可以撕毁、扔掉，或者保存起来之后再翻出来看。

　　或许这些代替手段并不能立刻消解一个人的负面情绪，消除其想要伤害自己的冲动，但尝试本身就是一个好的开端。负面情绪是有等级的，就像打牌一样，对方出一张"5"，很少有人会直接出王炸。

　　我们可以把这些应对策略做成"应对卡牌集"，保存在手机里或记在小本子上，作为自己的护身符。应对卡越多，处理不良情绪时的能力也越强。

开心技能之六　保持自我选择的权利

尊重每一个人的选择权

最后一个关键技能是自我选择。这是人生冒险之旅中最不可或缺的一部分。我也会告诉患者，在生活中，你要尽量增加自己做决定的频率。下面我将就这个问题谈一谈。

如何定义幸福？为了回答这个宏大的问题，人类做了各种各样的研究。1974 年，美国南加州大学经济学教授理查德·伊斯特林（R.Easterlin）提出了著名的伊斯特林悖论，即收入高低与幸福程度并不一定成正比。他在著作《经济增长可以在多大程度上提高人们的快乐》中提出：通常在一个国家，富人报告的平均幸福和快乐水平高于穷人，但如果进行跨国比较，就会发现，穷国的幸福水平与富国几乎一样高，其中美国居第一，古巴接近美国，居第二。这个结论一经问世就受到了广泛的关注，也被称为"幸福—收入之谜"或"幸福悖论"。现代经济学是构建于"财富增加将导致福利或幸福增加"这样一个核心命题之上的。然而，理查德·伊斯特林却发现了一个令人迷惑的重要问题——为什么更多的财富并没有带来更大的幸福？

2018 年，研究者在 20000 名日本人中进行了调研，发现对幸福程度影响最大的不是收入或学历，而是自我选择的权利。

前不久，我的父亲因病离世。我从他身上深刻地明白了一个道理，即自我选择能让人生变得幸福。我的父亲是典型的昭和时代的严父，而我在闲暇时喜欢玩游戏，我们之间的冲突显而易见。但是，他的人生态度，让我明白如何最大限度地保持自我选择的权利。父亲是一名公务员，在退休之前就规划好了老后生活，然而刚退休，却被查出了癌症，并且癌细胞已经扩散。父亲得知情况不容乐观，亲自查询了病症及治疗方法，并打听到了某医院正在研发的新药实验项目。与此同时，他安排好了自己过世后的遗产分配问题、葬礼的流程，甚至葬礼上要播放的背景音乐，他都选好了。尽管父亲制定的内容有些地方不太合理，但他固执己见，在允许的范围内坚持自己做选择。癌细胞每天都在吞噬父亲的身躯和精神，但他保持着一贯的生活方式，在还能吃得下时，享受每一顿饭食，在还能思考时，坚持阅读与学习。他走时很安静，因为他为自己规划好了所有的事，按照自己选择的方式，有尊严地离开。

父母子女之间，常常出于善意或关心，忍不住为彼此的人生出谋划策。我自己也干过这种蠢事。在父亲住院期间，我总希望他能按照我的选择进行治疗与休息，因此与他有过争执。但冷静下来我明白，所谓的"为你好"，很多时候只是为了满足自己的控制欲。特别是当对方相对弱势时，我们更容易出现毫无顾忌地替别人做决定的情况。殊不知，剥夺一个人的选择权就相当于剥夺了这个人的幸福，这是一件非常严肃的事。

如何摆脱"选择困难症"

很多人都害怕选错，上至升学、就业、选择伴侣，下至时尚潮流、穿什么衣服、吃什么……不管什么事，都要追求所谓的"正确答案"，似乎默认了选项中必然有一个是"最正确"的。"要是选错了，我就完蛋了！"当一个人囿于所谓的正确选项时，很难对自己的选择产生认同感。他们会不断怀疑自己是否选对了，始终处于不安、焦灼、懊丧当中。很多人在陷入困境后，会对自己的选择感到后悔。鉴于此，对自己的判断没有信心的人，往往会把选择权交给他人，请他人代劳，而大多数人会选择那个**看起来最正确**的选项。然而人生选择是不存在最优解的。

为什么会有这么多人陷入"选择困难症"？我们来看一看他们的典型心理：

- 做事犹豫不决，瞻前顾后，会提前设想很多种可能以及结果。

- 既害怕失败，也害怕成功，最好是扎进人群没人看到。

- 做选择时随大流，有人陪着才安心，或者干脆让别人帮自己做。

有没有"躺枪"的感觉？

美国著名心理学家马斯洛提出了"约拿情结"，即不但害怕失败，也害怕成功，这是一种对成长恐惧、在机遇面前自我逃避、退后畏缩的心理状态。此外，从众心理在"选择困难症"人群中也起着十分重要的作用。"选择困难症"的形成与成长经历有着莫大的关系。当一个孩子从小就得不到肯定、对任何事都没有选择权，那么在成人后，往往会害怕选择。认识到这些心理特征及其深层动机，才能有目标地克服"选择困难症"。

勇敢地认可这个平凡、不完美的自己，打心底里接纳自己，即使自己与那些光鲜亮丽的人有着巨大的差距，相信自己也仍是独一无二的存在。 那些勇于探索、不怕试错的人，都是能够认可自己的人。他们也会迷茫，会苦恼，但在面临选择时，都会坚定地选那个自己最能接受的选项，而不是旁人眼中最应该选的选项。同时，**做好应对任何结果的准备，内心要不断给自己暗示，不管结果如何，自己都愿意承担。** 长期的思维习惯并不是一朝一夕就能改变的，因此需要决心与毅力，从强迫自己去面对开始，不逃避责任、不转嫁怒气，明白闷闷不乐、悔不当初，并不能改变什么，只会让事情更糟。所谓吃一堑长一智，当我们把不可改变的事视为一种经验积累，就能够更从容地面对选择以及选择的结果。

很多时候，自己做决定确实很难，但从结果来看，内心是最轻松的。通过不断定义自己的生活，我们会逐渐拥有面对糟糕境遇的勇气；为自己的选择负责，我们会变得越来越强大，成为自己人生的主角，不再将主导权假手于人。

书中的心灵处方笺

我的诊所里有一张特殊的处方，上面没有罗列常用药物，而是罗列了一些给来访者的推荐书目。对于那些身陷不可名状的焦虑、不安、痛苦之中的人，我会建议他们看一些和他们的经历相似的影视剧或动漫，或听一听治愈人心的歌曲。

希望以下这些书能帮助到大家。

《做饭吧！》（《Cook》）

很多人在做饭的过程中得到治愈。这一过程不仅满足了我们的口腹之欲，也能让我们领悟生存之道。即使没做过饭，也可读一读。

作者：坂口恭平

《千寻小姐》（《ちひろさん》）

千寻小姐是便当店的招牌店员。本书讲述了她在便当店遇到的各种人。她听他们诉说自己的人生经历，尤其是难以摆脱的精神困境、无法翻身的糟糕境遇，然后把这些糅合了烦恼、不安、厌恶的故事写出来，加上自己的理解、感悟，甚至启发。

作者：安田弘之

📖 《小塔》(《ダルちゃん》)

　　本书讲述了塔塔星人小塔为了掩饰自己的外星人身份，努力扮演一名24岁职场女性的故事。若你因为与人的交往而感到身心俱疲，一定要读这本书。

作者：春奈柠檬

〜〜〜〜〜〜〜〜〜〜〜〜〜〜〜〜〜〜〜〜〜〜〜〜〜〜〜〜〜〜〜〜

📖 《懒人瑜伽》(《ずぼらヨガ》)

　　对会产生消极想法的反刍思维来说，瑜伽和正念冥想是有效的对策。这是一本非常好读的入门书。

作者：崎田美莱

〜〜〜〜〜〜〜〜〜〜〜〜〜〜〜〜〜〜〜〜〜〜〜〜〜〜〜〜〜〜〜〜

此外，若想对本书提到的一些观点进行深入了解，可以从下面这些书着手：

📖 **想要深入了解分人主义**

《何为"我"——从"个人"到"分人"》

（《私とは何か——"個人"から"分人"へ》）

作者：平野启一郎

📖 **想要了解有关"被抛弃的不安""100% 幻想"的内容**

《克服创伤后成长的心理辅导手册》

（《メンタライゼーションでガイドする外傷的育ちの克服》）

作者：崔炯仁

📖 **想要了解自残行为的相关内容**

《不得不伤害自己》

（《自分を傷つけずにはいられない》）

作者：松本俊彦

📖 **想要了解该如何更好地休息**

《你想喝橙汁吗？你应该喝吗？》

（《オレンジジュースを飲みたいのか？飲むべきなのか？》）

作者：Matsushima

📖 想要加深自我认知

　　《深度洞察力》

　　(*Insight*)

作者：塔莎·欧里希

📖 想要了解有关依恋类型的内容

　　《关系的重建》

　　(*Attached*)

作者：阿米尔·莱文、蕾切尔·赫尔勒

📖 想要深入了解照顾与治疗的相关内容

　　《待在那里很痛苦》

　　(《居るのはつらいよ》)

作者：东畑开人

时常翻看自己的"卡牌"

我希望本书所介绍的这些纾解方法，能够让你的人生冒险轻松和快乐一些。在游戏中，有时可能会出现一张极为稀有的卡牌，只需一张就能逆转乾坤，改变战况。但是在现实生活中，我们基本上抽不到这种 SSR 级卡牌，奇迹不会从天而降。我也希望自己能成为某人的 SSR 卡，但并不总能为他人解开心结。好在这个世界上还有很多心理学家付出毕生精力，留下了许多知识结晶。说不定这些著作中有一本就是你的 SSR 卡呢。

或许因为一个契机，你的世界就此开始改变。或许，还有许多沉睡的"卡牌"正等着你去翻看、开启。若是累了，就停下来休息；若是期望老是落空，叹口气也无妨，但请不要停下翻看"卡牌"的脚步，不要放弃寻找适合你的应对方式。相信总有一天，你会看到曙光，会在夜里感叹，活着真好啊。

这些话可能说得过于乐观，有点儿不负责任，但这是我内心最真实的想法。

结 语

愤怒中的我选择以一种轻松的方式"复仇"

在前言中，我提到过，投身心理健康领域的理由之一是，我曾失去了自己很珍视的人，所以想赋予心里那份缺失感以自己的意义。我从未预想过自己有朝一日会写一本书，而佐渡岛庸平先生的建议让我彻底转变了心思。

我是在一个线上社群里结识的佐渡岛庸平先生，他是一位主编。他曾告诉我："写东西可以不为渡人，只为渡己。"这句话直到今天于我而言都意义深远，像是护身符一样守护着我，宽慰着我。

本书的意义就在于此，我通过把自己的痛苦经历写成可视的文字，使内心得到治愈。最近两三年，我遇到了很多人，正是因为他们，我的想法才有了脱胎换骨般的改变，我由衷地感谢每一次相遇。我想讲一个有关"轻生的念头"和"处方"的往事。【这里的"处方"参照《书中的心灵处方笺》（第 162 页）中的释义。】此事为我提供了重要的写作思路，可以说，这段往事成就了这本书。

有时，往往一件意想不到的小事，就会成为压死骆驼的最后一根稻草。令那些有轻生念头的人付诸了实际行动的，通常不是什么很夸张的理由，或巨大的情绪波动，可能就是一件不起眼的小事，让他们走上了绝境。

有一天，一个女孩经朋友介绍前来咨询。这个女孩毕业于一所著名的医学院，目前作为一名医生任职于一家知名的医院。她拥有这般令人羡慕的履历，却动了轻生的念头。我们定期通过电话交流，大部分时间都在不咸不淡地聊天。她偶尔会语气平淡地表示自己很想死，我就在电话的另一头听着。那一瞬间，我感到她还活着，或许真的是一件很偶然的事情。

就这样交谈了几次后，我发现和她聊天很开心，渐渐地开始期待起下一次的谈话，萌生了不想让她自尽的想法。

　　但说到底，不愿让她撒手人寰只是我的执念，能不能称之为爱，这个决定权永远在对方手上。若把劝人好好活着当成自己的使命，很多东西你就看不真切了，那时候你看到的就不是对方，而是你自己心中的正义。我们之间的交流有点儿类似于夜总会里的客人和陪酒女，她是客人，买不买我的账，听不听我的劝，全凭她的心情。我变着法子跟她说："你看，我就是随便劝劝你，要是你不想死了，那我不就赚了。"她要不就调侃道："这买卖确实赚了。"要不就跟个小恶魔似的戏弄我说："你这招对我不管用啊，多试试其他法子嘛。"简直是把我玩弄于股掌之间。

　　学生时代，我在自杀预防课程中学到的第一点就是，要主动和患者建立信赖关系，让患者把自己当作一处心灵港湾，让患者跟自己约定不会选择轻生。而在对她的治疗中，我感到自己完全处于不利地势。她的世界观太过绝望，任我开出什么"处方"，于她而言也是无效药，在这种情况下，"请看在我的面子上活下去"这种话实在过于苍白。在她眼里，有人关心她的死活似乎是一件不可思议的事情，作为被他人关心的主体，她可能并没有真切地意识到自己的价值所在。我们之间的交流确实也仿若在云端，轻飘飘的无法落地。

就在我不知该如何是好的时候，我们在不经意间聊起了游戏的话题，我说自己超喜欢《勇者斗恶龙》这一系列的游戏，她表示自己以前也玩过《勇者斗恶龙3》。我赶紧接话道："真的吗！第四部也是名作哦，要不你也玩玩看？"她对于生死都没有什么热情了，而我想着哪怕能找到一丁点儿让她感兴趣的东西也好，于是向她推荐了游戏，小小地期盼着她能够稍稍对这个世界抱有一点儿念想。我本来想推荐第五部的，但这部是亲子向，可能不太适合她，所以给她发信息说第八部也不错。我也顺带推荐了一下《塞尔达传说》和《浪漫沙加》。她也玩过音乐，因此推荐列表里当然少不了作曲家伊藤贤治老师的《四魔贵族战役2》这首神曲。但这些音乐、游戏内容本身的趣味，都不及跟她聊这些话题时有趣。

"对了，最近运动酒吧很流行呢……"我每次都这样喋喋不休地说这说那。和她聊天真的很快乐。她除了从记事起就有慢性自杀的念头，和普通的女孩子没什么两样。

之后，她换了住所，换了工作地点，开始有所好转。某日，在闲聊中，我尝试邀请她："如果你的状态越来越好了，我们就一起玩新出的《勇者斗恶龙》吧？"她答应了。这下总算跟她达成了一个约定，虽说不是理论上的"我不会轻生"这样的约定，但是能跟她约好一起玩游戏也是一个进步。总体战也行啊，慢慢地帮她与这个世界建立连接，即便这个连接少到微不足道，但积少成多，大概或多或少能成为她活下去的动力，让她感觉这个世界还不至于那么糟。

有调查报告显示，企图自杀的人若被当场救下，挺过了难关，十年后还活着的概率为 90%。因为一次偶然，没有结束掉生命的人，或许会因为某个契机而获得幸福。我暗自期待着这样的事在现实中上演，被救下的人都幸福地活着，这个世界由此变得越来越好。过了一段时间后，我们约好一起玩的游戏发售了，可在那日天刚拂晓时，她永远地离开了这个世界。

得知她离世的消息时，我正在离她家千里之外的地方做着一份兼职。我向行政说明缘由，道过歉后就结束了工作，马不停蹄地往她家的方向赶去，想要做最后的道别。那日，我和她的亲朋好友互相安慰，边喝酒边聊着各自与她的过往，聊着聊着我发现，每个人都很喜欢她。果然是个小恶魔啊。若能把她轻生的念头转变为"我要活着"，那该有多好啊，她那么的风趣，让人忍不住想象她华丽转身后的样子。

她的死对我打击很大，差不多有月余无法正常地工作。我沉迷于本该和她一起玩的游戏，不过说真的，我并不太记得游戏的内容是什么了，只是木然地操纵着游戏角色而已。我在推特上喃喃自语道："不久前，我失去了一个很重要的人，于是逃进《勇者斗恶龙11》的游戏世界里，在游戏中的80个小时可以让我抛去杂念，暂抚伤痛。从结果来看，我恢复得挺快。每个人都有自己从现实中抽离的方式，有人选择用文学疗伤，有人一头扎进动漫的世界，我希望人们能找到对自己来说的'避难所'。"这段话在网上引发热议，让人不禁莞尔，毕竟我也是这样，从这些作品中得到了治愈。

　　我已经从事心理健康领域的工作十多年了，那是我内心最煎熬的一段时期，甚至想过要放弃。就在此时，我收到了另一位挚友的信息："既然你有那么多的想法无处宣泄，不如发表在推特上？"正是他的建议，我才有了动笔的冲动。大晚上看到这条信息后，我不由自主地驱车前往了那位挚友家中，没有片刻犹豫。我自己也吓了一跳，同时也有一种获救的感觉。我意识到，心理咨询师是我毕生的事业，不能就这样放弃。我身边还有在痛苦中挣扎的亲友，我得全力以赴地为他们排忧解难，这是我的奋斗目标。我非常喜欢《勇者斗恶龙：达伊的大冒险》这部漫画，里面有句台词："所谓勇者，并非是指勇敢的人，而是指能给予人勇气的人。"这句话是我内心的依托。我一直想成为一名勇者，但我要给予谁什么样的勇气呢？通过这件事，我终于明白，我要做的是给予身边珍视的人活下去的勇气。

　　我喜欢观察人的变化，人们的蜕变于我而言是极具浪漫色彩的；身处困境中的人们逐渐有所改变，这一过程令我着迷，我还想多感受一会儿这份工作的魅力。

有一种治疗手段叫伤痛治疗，即帮助患者从生离死别的伤痛中恢复过来。治疗的最后阶段是实现患者与痛失之人之间的关系重建。人在失去很重要的东西时，可以通过给这段悲痛经历赋予意义，让自己往前走。我在经历了各种生离死别之后，每次都将其视为人生的必经之路，认为每一步都是有意义的，得益于此，我才能让自己的人生显得不那么索然无味。对于人生的痛苦，我是心怀感激的。

我曾在文章的开头提到，作品是有治愈人心的力量的。我在写作时，脑海里浮现出了很多人的身影——那个总是把《人间失格》随身携带的人、那个告诉我芝士蛋挞专卖店（PABLO）的她，以及那个本应该来本院工作却一不留神被大浪卷走的人。那些我还想与之笑着谈天，却再也见不到的人。

说一则最近的事情吧。我有一个患者 R 氏，他本来就有慢性自杀的念头，再加上工作的压力，可以说完全丧失了活下去的意志。R 氏觉得他对自己的人生毫无掌控感。我给他开了诊断书，心想着他应该不会把这个提交给公司吧，谁知他竟迷迷糊糊地交了上去，因此丢了工作。在烂醉如泥地昏睡了一周左右后，因为无事可做，他购入了 Switch，一款任天堂的游戏机；看了看其他玩家的游戏实况后，他觉得《塞尔达传说》还不错，于是自己也玩了起来。据说那是他第一次有自己想做的事情。他被精美的游戏画面所吸引；虽然是第一次玩动作游戏，但他最后竟然可以在原野上狩猎莱尼尔，真是个游戏奇才。因为他一下子就通关了《塞尔达传说》，所以我又给他介绍了《塞尔达传说：织梦岛》的重制版，这款游戏他也是神速通关。接着，我建议他看看坂口恭平的《做饭吧！》。据他描述，看了那本料理书后，他头一次给自己做了菜，感觉心情很好；切菜的时候，他的内心也得到了平静。我顺便还给他介绍了《喷射战士》，作为一个初学者，他现在已经可以拿着喇叭枪挑战 C- 级别了。通过阅读与游戏，R 氏的抑郁指数降到了历史最低，他说在《塞尔达传说》的新作问世之前，他还可以撑着先不要自行了断。

　　他开始建立起与这个世界的细小连接，因为游戏，这条细如蛛丝般的连接在不断地变粗，慢慢变成一根绳索。任天堂着实功不可没。在这个世界上，各个领域都有众多优秀的作品，我们用尽一生也未必能全部欣赏、体验一番。全世界才华横溢的人们将自己的灵魂倾注在作品之中，正是因为他们持续不断地付出，才有了一部部震撼人心的作品问世。感谢这些独具匠心的人为我们提供了这份与现世的连接，不知下一部为我们递来橄榄枝、给予我们生活动力的作品又是什么样的呢。《喷射战士2》这款游戏我已经玩了超过2000个小时，但丝毫没有玩腻。能与这样的作品生在同一个时代，我感到很幸运。在此，我想表达的是，为了能够更好地活下去，我们其实可以多多从这些作品中汲取能量。本书是由我和本院的伙伴们共同编写的。开会讨论的时候，我一再强调本书的基调一定要像流行乐一样轻松愉快。成书后，除了一部分章节由于情感浓厚而稍显沉重，总体上还是尽量保留了轻松的基调。

前不久，我其实挺愤怒的，也曾把愤怒当作燃料发泄过，甚至激动地表示："这绝不能忍！""凭什么他要面对这种逼死人的设定啊！"我把失去重要之人的悲伤化为愤怒砸向这人世间。不过把愤怒当油门的做法让我感到疲惫，我觉得或许可以用一种更轻松的方式向这个世界"复仇"。一直保持愤怒会让人劳心费神，虽然愤怒与悲伤都不会被淡忘，但我选择更换路线，让生活变得更轻松，这样不仅自己快乐，身边的人也不会受到影响。此后我也准备用这种方式慢慢地对这个世界发起反攻。

本书是本院出品的"以轻松的方式复仇"最新作，虽然与 R 氏所沉迷的游戏相比，治愈人心的力量可能有些小巫见大巫，但是这里面的每一句话都是我们的心血。

非常感谢你能阅读到最后。